加藤 章

Cloud Computing Basic Guidebook

新人IT担当者のための
クラウド導入&運用がわかる本

技術評論社

注意事項

- 本書に記載された内容は、情報の提供のみを目的としています。したがって、本書を用いた運用は、必ずお客様自身の責任と判断によって行ってください。これらの情報の運用の結果について、技術評論社および著者はいかなる責任も負いません。

- 本書記載の情報は、特に断りのない限り、2016年10月現在のものを掲載しています。本文中で解説しているWebサイトなどの情報は、予告なく変更される場合があり、本書での説明とは画面図などがご利用時には変更されている可能性があります。

- 以上の注意事項をご承諾いただいた上で、本書をご利用願います。これらの注意事項をお読みいただかずに、お問い合わせいただいても、技術評論社および著者は対処できません。あらかじめ、ご承知おきください。

- 本文中に記載されているブランド名や製品名は、すべて関係各社の商標または登録商標です。なお、本文中に®マーク、©マーク、™マークは明記しておりません。

はじめに

　企業システムに関わる人びとにとって、「クラウド」は、今、もっとも気になる言葉なのではないでしょうか。IT系のメディアでは、毎日のようにクラウドに関わるニュースが流れています。一般の新聞やテレビなどの報道においても、クラウドという単語が普通に出てくるようになりました。多くの人がクラウドに注目していることがわかります。

　では、クラウドについて世の中の理解は進んでいるかというと、いささか心もとない状況です。先進性のある企業では本格的な利用が始まっていますが、大多数のユーザ企業は、まだ「クラウドの入り口」にすらたどり着いていません。その理由としては、クラウドに関する情報は多種多様で、混乱や誤解が生じやすく、自社の状況に即した理解が難しいからだと考えられます。

　企業の中でクラウドを活用していくためには、誰かがきちんと情報を整理し、自社のニーズに合わせてクラウドを勉強する必要があります。アタマの柔らかい新人IT担当者にふさわしい仕事だといえるでしょう。

　本書では、クラウドの中でも、もっとも汎用性が高く導入効果が大きい「IaaS型」の「パブリッククラウド」を取り上げます（それぞれ第2章と第3章で解説します）。技術的な細部には踏み込みませんが、「クラウド未経験」の企業のIT担当者の方々が、今後クラウドを利用していくために十分な知識を得られるよう、幅広いトピックを扱います。

　本書がみなさん自身とみなさんの会社にとって、大いなる発展の一助となれば幸いです。

2016年10月
加藤 章

CONTENTS 目次

序章　IT担当者の仕事とクラウド ... 1
- 01　新人IT担当者のみなさんへ ... 2
- 02　IT担当者の大きな役割と責任 ... 4
- 03　クラウドとは ... 7

第1章　クラウドの起源と定義 ... 15
- 01　クラウドの起源 ... 16
- 02　クラウドの定義①〜自動販売機 ... 20
- 03　クラウドの定義②〜自由なネットワーク ... 24
- 04　クラウドの定義③〜共同利用 ... 26
- 05　クラウドの定義④〜伸縮自在 ... 28
- 06　クラウドの定義⑤〜明朗会計 ... 31

第2章　クラウドのサービスモデル ... 33
- 01　サービスモデル①〜 SaaS ... 34
- 02　サービスモデル②〜 PaaS ... 37
- 03　サービスモデル③〜 IaaS ... 39
- 04　サービスモデルのまとめ ... 42

第3章　クラウドを理解するためのキーワード ... 45
- 01　オンプレミスとは ... 46
- 02　パブリッククラウドとは ... 48
- 03　プライベートクラウドとは ... 50
- 04　インスタンスとは ... 53
- 05　オブジェクトストレージとは ... 57
- 06　ネットワークの考え方 ... 61
- 07　データベースサービスとは ... 65
- 08　アベイラビリティゾーンとは ... 69

| | 09 | リージョンとは ....72 |

第4章　クラウド時代のサーバ調達と管理 77
| | 01 | サーバの調達 ....78 |
| | 02 | サーバの管理 ....82 |

第5章　クラウドを巡るお金の話 87
	01	クレジットカード払いの壁 88
	02	経理のルールを変える 90
	03	正しいコスト比較 94

第6章　クラウドのリスクとセキュリティ対策 97
	01	セキュリティポリシーを見なおす...98
	02	壊れないモノなどないと理解する 101
	03	共有責任モデルを理解する 104
	04	クラウドのセキュリティに関する誤解 107
	05	パトリオット法のリスクを考える 110
	06	クラウドベンダの撤退問題を考える 114

第7章　クラウド導入までの基本ステップ 117
	01	手を動かす①〜アカウントを開設する 118
	02	手を動かす②〜 AWSでサーバを立てる 121
	03	クラウド化するシステムを考える 128
	04	ネットワーク構成を考える 132
	05	役割に応じた権限管理を考える 134
	06	クラウドらしい設計をする 137
	07	システムを導入する 141

第8章　クラウド運用のヒント 143
	01	課金を監視する 144
	02	障害の乗り越え方 146
	03	サポートを使いこなす 150
	04	攻めの運用を考える 152

第9章 クラウドのエキスパートになるには 155
- 01 コミュニティに参加する 156
- 02 公式情報をチェックする 160
- 03 クラウドデザインパターンを活用する 164

第10章 主要クラウドサービスの紹介 167
- 01 Amazon Web Servicesとは 168
- 02 Salesforceとは 171
- 03 Microsoft Azureとは 173
- 04 Google Cloud Platformとは 177
- 05 SoftLayerとは 180

第11章 クラウドの活用例 183
- 01 ファイルバックアップ 184
- 02 監査用データの長期保管 187
- 03 災害対策①〜初級編 190
- 04 災害対策②〜中級編 194
- 05 災害対策③〜上級編 197
- 06 スーパーコンピューティングとは 200
- 07 データウェアハウスとは 202
- 08 フルクラウドとは 205

第12章 IT担当者の進むべき道 207
- 01 フルスタックエンジニアを目指す 208

索引 214

序章

IT担当者の仕事とクラウド

最初に本書のねらいを解説します。本書の読者として想定している「IT担当者」とはどのような立場で、何が求められるのか、かんたんに触れておきましょう。併せて、「クラウド」に対する筆者の思いを語ります。みなさんの仕事とクラウドとの関係を理解していきましょう。

Section 01 新人IT担当者のみなさんへ

本書は「新人IT担当者のための」クラウド入門書です。お手に取っていただき、ありがとうございます。はじめに、これからIT担当者として活躍されるみなさんへのエールとともに、本書でお伝えしたいことを整理しておきます。

● IT担当者はやりがいのある仕事

　新しくIT担当者になったみなさん、おめでとうございます。みなさんは、自分が所属する会社の中で、「IT」という非常に重要なものを扱います。いまや、ビジネスはIT抜きでは成り立たない時代です。みなさんは会社の土台を支える「縁の下の力持ち」というわけです。

　「縁の下」だからといって、地味な仕事というわけではありません。会社の経営には「ヒト」「モノ」「カネ」の3つが重要と古くからいわれてきましたが、近年は4番目の要素として「情報」も欠かせないものになってきました。会社の組織を人間の身体にたとえるならば、ITは「神経網」に相当するでしょう。「頭脳」である経営層に直結していますので、IT担当者の仕事は経営にも大きく影響します。責任も大きく、やりがいのある仕事だと思います。先輩たちの話をよく聞いて、早く一人前のIT担当者になれるようにがんばりましょう。

● クラウドを活用するうえでの心得

　さて、そのようなIT担当者の仕事の中でクラウド活用の重要性が増してきたことにより、非常に興味深い現象が起きています。

　クラウドは今、IT業界において「パラダイムシフト」と呼ばれる大きな変化を生み出しています。クラウドによって、ベンダ（コンピュータメーカ、ソフトウェアやITサービスを提供する企業）だけではなく、ユーザ企業（みなさんの会社のようにベンダが提供するIT製品やサービスを利用する側の企業）も、考え方やビジネスのやり方を大きく変えているのです。先ほど「先輩たちの話をよく聞いて」と書きましたが、もしかしたら先輩たちの「常識」は、クラウド時代では部分的に通用しなくなっているかもしれません。

ここには2つの側面があります。

- 今までのやり方や考え方を変えなければならない
- 今までできなかったことができるようになる

詳しいことは本書の中で追って解説していきますので、まずは、クラウドを使うIT担当者は「頭を柔らかくしておく必要がありそうだ」と思っておいてください。

● クラウドの大きな流れに自分の会社を乗せる

「パラダイムシフト」とは、世の中全般でそれまでの基本的な考え方が大きく変わってしまうことを意味します。このようなときには巨大なビジネスチャンスが生まれ、さまざまなプレーヤーが先陣争いを繰り広げます。

図1　音楽ビジネスにおけるパラダイムシフトの例

IT業界も例外ではありません。大手のクラウドベンダが猛烈な勢いで投資を行い、なるべくたくさんの利用者を引きつけようと、新サービスを毎週のように発表しています。文字どおり、クラウドは日々「激しく」進化しているのです。

抽象的な言い方ですが、この「流れ」にみなさんの会社を「乗せる」ことができれば、会社のビジネスも大いに発展する可能性があるのです。実際に成功した事例も数多く発表されています。

そして、会社の中で経営層に対してそのような提案ができるのは、ビジネスとクラウドの両方がわかっているIT担当者であると筆者は思っています。みなさんは、いずれ「経営にモノ申せるIT担当者」になれるのです。

Section 02 IT担当者の大きな役割と責任

本題に入る前に、IT担当者の役割をおさらいしましょう。クラウドはただ「使えばよい」というものではありません。あなたの一番大切な仕事は何か、そこにクラウドはどう関わってくるのか、根本的なところをおさえておきます。

●「業務システム」とは

　会社の中にはさまざまな「システム」と呼ばれるモノがあります。たとえば、会計システムや人事システム、生産管理システム、販売管理システムなどが挙げられます。メールやスケジューラのようなものもシステムです。システムと呼ばずに「アプリケーション」と呼ばれることもあります。

　一方で、会社のパソコンの中にはオフィスソフト（Microsoft WordやExcelなど）やPDFリーダー、ペイントツールなどのソフトウェアが含まれています。これらのソフトウェアもアプリケーションと呼ばれることがありますが、システムと呼ばれることはあまりありません。

　こうしてみると、システムとは複数（多数）の社員が共同で使うものだということがわかります。たとえば会計システムでは、交通費や経費の精算のためのデータを入力する人と、その入力を承認する人、すべてのデータを集計して活用する人といったように、さまざまな人が、それぞれの役割で使っています。このような使われ方をするものをシステムといい、とくに会社の業務に密接に関わっているものを「業務システム」と呼んでいます。

図2　みんなが使うものを「業務システム」という

● 業務システムはどこにある?

　業務システムはたくさんの社員が使うものです。しかし、それぞれの社員のパソコンの中に「システム」が入っているわけではありません。業務システムの本体は、社員が共同で使えるように「サーバ」というやや大きなコンピュータの中に格納されています。

　社員が直接操作するのはパソコンですが、その操作は社内ネットワーク（LANやWAN[注1]）を通じてサーバ（正確には、サーバ上にある業務システム）に伝わります。システムの利用者に見えているものは目の前のパソコンだけですが、見えないところでサーバが多数の利用者を相手にがんばっています。これが業務システムの一般的な構成です。

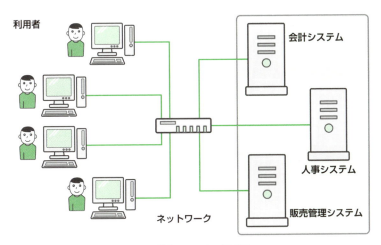

図3　業務システムの構成例

● サーバ（業務システム）の破損は深刻な事態

　ここで2種類のコンピュータが出てきたことに注目してください。1つはパソコン（パーソナルコンピュータ）、もう1つはサーバです。

　パソコンは社員1人に1台ずつ与えられることが多いと思います。パソコンの管理もIT担当者の大切な仕事でしょう。しかし、その中の1台が壊れても、会社の業務そのものが丸ごと止まってしまうことはありません。

　片や、サーバは、パソコンと比べれば台数は圧倒的に少ないはずですが、

注1　LANはLocal Area Networkの略で、企業などの事業所内のネットワークのことです。WANはWide Area Networkの略で、通信事業者のサービスなどを活用して、LANを地理的に離れた複数の事業所に延長したものです。

だからといって管理が楽なわけではありません。同じコンピュータでも、サーバはパソコンとは役割や重要度がまったく違います。

　たとえば、会計システムを格納しているサーバ1台が完全に壊れてしまったらどうでしょう？　最悪の事態として、会社の会計データがすべて消えてしまったら？　……お客さんへの請求や、取引先への支払いもできなくなるかもしれません。こうなると、もう明日から会社をどう運営していけばよいかわからなくなってしまいます。人事システムが止まれば、社員の給与の支払いができないかもしれません。生産管理システムが動かなくなったら、工場のラインが丸ごとストップしてしまうかもしれません。いずれの場合であっても、会社の存在すら危うくするような事態を引き起こします。サーバの破損は、会社全体にとってかなり深刻な事態であることは間違いありません。

● IT担当者の仕事は責任が重い

　そこで、誰かが責任を持って「業務システムのサーバを維持管理」しなければなりません。これがIT担当者の大切な仕事です。こうしてみると、非常に重要で責任の重い仕事であることがご理解いただけるかと思います。みなさんの先輩は、強い使命感を持ってこの仕事に取り組んできたことでしょう。

　クラウド時代になって、仕事の内容が変わっても、IT担当者の根本的なミッションは変わりません。みなさんの仕事は、「クラウドを使って業務システムのサーバを維持管理」することになります。本書も、それを前提に解説を進めます。

Section 03 クラウドとは

クラウドとは何なのか、ひとことで説明するのは困難です。人によって意味が異なる場合もあります。Section 02で述べたような責任あるIT担当者の立場から、本書で扱うクラウドとは何か、明確にしておきましょう。

● クラウドのとらえ方は十人十色

筆者がクラウドに関わりはじめた2009年ごろ、「クラウドとは何か」という議論が盛り上がっていました。耳の早い企業の情報システム部門や経営者の方々が、「どうやらクラウドという便利なものがあるらしい」と気づき始めた時期です。そこで、クラウドとは何なのか、どう使えるのか、何が自分の会社にとって有益なのかといった話が盛んに行われていました。

そうしているうちに、「クラウド」という言葉を使うと「新しい」とか「革新的」というイメージがついてまわるようになりました。そして、いろいろなITベンダが「我こそはクラウド」といい始めたのです。中には新しいものもありましたが、単に昔からある製品やサービスに「クラウド」という名前を付けたものや、クラウドと本質的に関係がないIT製品に「クラウド対応」とラベルを付けただけのものもありました。

このころ、世界的なIT調査会社であるガートナーがおもしろい表現をしたのをよく覚えています。「クラウドについて、10人いれば10通りの定義がある」というものです。当時の「クラウド」は本当に混沌としていたのです。

そのような状況が今は解消しているのかというと、そうでもありません。「クラウド」と名前が付いていても、まったくクラウドらしくないものは多々あります。その中には、世界的に有名なITベンダが「究極のクラウド」「これぞクラウドの世界標準」といい切っているものもあります。こうなるともう、何を信じればいいのかよくわからない、油断できない状況になっています。

● ガートナーによるクラウドの定義

前述のガートナーは、クラウドについて次のように定義しています。

> インターネット技術を利用する複数の顧客に向けて、極めて拡張性の高いIT資源をサービスとして提供するコンピューティングのスタイル。

ちょっとわかりにくいですが、これはクラウドサービスを提供する側（クラウドベンダ側）から見ているからですね。私たち顧客（利用者）の側から見れば、次のように書き換えられます。

> インターネットを通して、見えないところにある大量のコンピュータやストレージを自在に利用できるサービス。

わかるような、わからないような、なんだか地味な表現です。これが世間を騒がせるほどのイノベーションなのでしょうか？　個人でも使えるWebサイトのホスティングとはどう違うのでしょう？　「クラウドのすごさ」を読み解くカギは、「大量」や「自在」というキーワードにありそうです。もう少し踏み込んでみましょう。

● 「大量」のリソースを共同利用

クラウドのリソースの量に注目すれば、次のようなことがいえます。

> クラウドは、事実上、無制限のコンピュータリソースのプールである。利用者は必要な台数のコンピュータを、いつでも即座に使い始めることができる。

ちょうど家庭で使う電気のようなものです。新しい家電製品を買ってきて、コンセントにつないでスイッチを入れる。そうすることで、必要なだけの電力を、いつでも受け取ることができます。これは、新しく追加する家電製品の数が1個でも10個でも同じです。電力会社の発電所には十分な余力（リソースプール）があるからです。

また、大量のリソースを独り占めするのでは意味がありません。そんなことをしたら、かかった費用を1人で負担しなければなりません。1つの施設をたくさんの利用者で共同で使うことで、一人一人が負担する金額は低く抑え

られます。これは、ちょうど大型のホテルのようなものだと思えばよいでしょう。大きなモノほど建設費用がかかりますが、宿泊者も多数います。1人1泊あたりの負担金額は、建設費用に比べれば圧倒的に低くなるわけです。もちろん、宿泊者のプライバシーは守られていますし、会計もキッチリと分けられています。

この特徴を整理すると、次のように表現できます。

クラウドは多数のユーザで共同利用するものである。ただし利用者のデータが入り交じることはない。

「共同利用」でも安心して使える点がクラウドの大きな特徴です。

●「自在」に使えるからこそメリットが大きい

大量のリソースがあっても、使いにくければ意味がありません。利用者が自由に使えるからこそ、クラウドのメリットは大きいのです。どのくらい自由かというと、次のとおりです。

クラウドとは、指1本で呼びだせる仮想データセンタである。

ここでいう「仮想」とは、「画面の向こう側に、あたかも実体があるように見える」と考えてください。「データセンタ」は「たくさんのコンピュータが入っている巨大な建物」です。あなたは指1本でそれを呼び出せるのです。

図4　クラウドは指1本で呼び出せる

パソコンやゲーム専用機でプレイするゲームの一種で、仮想の都市を作るものがありますが、それと似たような感覚です。現実の世界で建物を準備するのは大変な作業ですが、ゲームの中なら一瞬でできます。これと同様のこ

とが、あなたの会社の情報インフラで実現できるのです。

この流れで、次の特性も重要です。第1章Section 02で紹介するアメリカの標準策定機関によるクラウドの正式な定義にも出てきます。

クラウドの本質は、オンデマンドでセルフサービスである。

オンデマンドとは、要求に応じてサービスを提供することであり、ユーザ視点では「やりたいことが（多くの場合、すぐに）できること」です。クラウドは徹底的に機械化・自動化がなされています。そして「やりたいこと」を他人に任せず、ユーザ自らが（セルフサービスで）実施することで、望みの結果を最速で得ることができます。

なんでもかんでもセルフサービスでできることはメリットでもあるのですが、一方でリスクもあります。クラウドを使うシステムが増えてくると「忙しくなりそうだ」と想像がつくでしょう。また、「操作を間違ったらどうしよう。責任とれないよ」という声もありそうです。

そのような不安を打ち消す、クラウドの究極の特徴を紹介しましょう。これは、クラウドが「もっともクラウドらしい」とされるところでもあります。

クラウドは、プログラムで制御できる情報インフラである。

つまり、あなたが指1本でできることは、プログラムに落とし込むことが可能なのです。実際にさまざまなプログラミング言語において、クラウドを制御できる環境やライブラリが整備されています。一定の条件でそのプログラムを起動したり、タイマーをしかけたりすることで、人手を介さずに情報インフラを制御できるようになります。作業者の手間は減りますし、操作ミスもなくなります。

これはクラウド以前のITでは考えられなかった事態です。制御できるといっても、小さなシステムで数台のサーバを立てたり、減らしたり、バックアップを取ったりというレベルではありません（もちろん、それらも可能です）。やる気と予算とアイデアさえあれば、世界中のデータセンタに何百台ものサーバを立てて、グローバルレベルで展開するサービスを一気にスタートさせることも可能なのです。これが、クラウドが世界を変えるイノベーションと呼

ばれている理由の1つです。

● ビジネス面での優位性

　クラウドが、今までにない先端技術であることはわかりました。では、ビジネス視点で見たときに、クラウドにはどのような特徴があるのでしょうか？

　従来との大きな違いは、コンピュータの持ち主がユーザ自身ではないという点です。つまり、次のようにいえます。

> クラウドとは、他人のコンピュータを借りて使うことである。

　この特徴は、ユーザ企業のビジネスに大きな変革をもたらしています。クラウド以前のコンピュータは、自社の資産として保有する必要がありました。そのため、償却が終わるまでの数年間は使い続けなければなりません。いらなくなったからといって、かんたんに捨てることはできないのです。「保有」するリスクは非常に大きく、手続きも煩雑でした。

　他人のコンピュータを借りて使うなら気軽です。費用はすべて経費で処理できます。いらなくなったら返せばよいのです。

　これは、自家用車とレンタカーの違いを考えるとよいでしょう。どちらも「運転して目的地に移動する」という本質的な利用目的は同じといえます。しかし自家用車の場合は、購入する手間やメンテナンス、置き場所の確保など、すべて自分で考えて作業や費用を負担しなければなりません。時期が来れば買い替えの検討も必要です。本来の目的とは直接関係ない、付帯的な作業の負荷が大きいのです。ところが、レンタカーにはそれがありません。一時的に台数を増やすこともかんたんです。

図5　クラウドは自家用車ではなくレンタカー的な利用スタイル

ただし、借り物ということは、モノの管理を他人に任せることでもあります。クラウド上のリソースは誰か（＝クラウドベンダ）が裏で管理をしています。そこに情報漏えいのリスクはないのか、あるいは自分が使っているものが急に動かなくなってしまったりすることはないのか、いずれもビジネス的には気になるところです。筆者は自信を持って次のようにいい切るようにしています。

クラウドとは、地球上でもっとも安全な情報インフラである。

詳細は第6章で解説しますが、ここでは上記のように理解してください。「自前でコンピュータを管理したほうが安全だ」という意見は根強く残っているのですが、たいがいの企業の場合、自社でコンピュータを管理するよりもクラウドに載せてしまったほうが圧倒的に安心・安全です。

筆者はしばしばお客さまに対し、「あなたの会社の中よりも、クラウドのほうが1,000倍安心ですよ」と説明してきました。少し前は怒られることもありましたが、最近はほとんど怒られなくなりました。それどころか、賛成してくれるお客さまが増えています。

安全性が高いということは、コストも高いのではないかと思われるかもしれません。クラウドのコストについてはさまざまな意見がありますが、おおむね次の意見が主流です。

クラウドとは、もっともコストパフォーマンスのよい情報インフラである。

なぜなら、クラウドが実現する「安心・安全」は、クラウドベンダの膨大な投資によって支えられているからです。

これと同じ水準の安全性を自前で確保しようとすれば、莫大な金額になってしまい、まったく現実的ではありません。そう考えると、クラウドは非常に安いサービスだといえます。科学の世界では「巨人の肩に乗る」という表現がありますが、クラウドの活用は、まさに数クリックで巨人を呼び出し、その肩に乗るような行為なのです。

誰がクラウドなのか

さて、そんな「巨人」とはいったい誰なのでしょうか？　ちょっと考えただけでも、数千億円から1兆円近い規模の投資が必要と想像できます。そんなことができるのは、巨額の資本力を持つ超大企業だけです。

ここで再びガートナーに登場してもらいましょう。ガートナーはIaaS型クラウドサービスの比較を行っています。上位に現れるプレーヤー（ベンダ）の中から、日本での知名度や筆者の周辺の実績を勘案して、やや過激な意見を述べておきたいと思います。

クラウドとは、AWS、GCP、SoftLayer、Azureのことである。

正確には、それぞれ次の表のとおりです[注2]。

表1　代表的なクラウドサービス

一般的な呼ばれ方	正式名称	提供ベンダ（およびその親会社）
AWS、Amazon など	Amazon Web Services	Amazon Web Services（Amazon.com）
GCP、Google、Google クラウド など	Google Cloud Platform	Google
SoftLayer、IBMクラウド など	SoftLayer	SoftLayer（IBM）
Azure	Microsoft Azure	Microsoft

本書の中では、適宜これらのクラウドサービスに言及しながら話を進めます。

とくにシェア1位のAWSは他社を圧倒的に引き離しており、目が離せません。ガートナーの推計によれば、そのクラウドが持っているリソースの量は、ライバル14社が持つクラウドリソースの合計の10倍以上とされています。「2位を10倍引き離している」のではありません。「2～15位の合計の10倍（！）」を上回っているのです。

注2　それぞれ第10章で解説します。

ガートナーの調査では、AWSは4年連続1位の地位にあります。日本での知名度も高く、複数社の調査結果で国内シェアNo.1であることが示されています。もはやクラウドの代名詞といってもよい存在です。再度、お叱りを受ける覚悟のうえで、筆者の極論を残しておきましょう。

　クラウドとはAWSのことである。

　一見すると暴言のようですが、実は意外と妥当な「落としどころ」だと思っています。AWSは、IT技術者の基礎的な素養として、学んでおいて損のないクラウドです。ライバルのクラウドベンダ各社も、AWSの動向は注視しています。いろいろな意味で、「AWSを知らないIT技術者」という存在が、考えづらい時代になっているのです。本書でも随所でAWSを例に挙げながら解説していきます。

第1章

クラウドの起源と定義

クラウドについて、序章では筆者の私見を中心に述べましたが、一般的にはどのように考えられているのでしょうか。公的機関によるクラウドの定義について見ていきましょう。また、「クラウド」という言葉の起源や、クラウドサービスの始まりについても紹介します。

Section 01 クラウドの起源

「クラウド」(cloud)とは英語で「雲」のことですが、その裏にはさまざまな意味が込められています。ITの世界でなぜ、クラウドという言葉が使われるようになったのか、そのあたりからおさらいしてみましょう。

● クラウドの語源

英語で「曇り空」のことを「cloudy weather」といいます。「晴れ」ではない、いまひとつの天気のことです。さらに「視界不良」や「よく見えない」という意味もあります。飛行機が雲の中に入ってしまうイメージです。空に浮かぶ雲は、それ自体の形がはっきりとは決まっていませんので、「ぼやけた」「あいまい」という意味もあります。また、空を飛ぶ鳥や虫の「大群」のこともcloudといいます。

ITと関係のないところでは、クラウドという言葉にはあまりよい意味がないようです。

図1　クラウドの語源は「雲」

● ITの世界におけるクラウド

クラウドという言葉がIT業界で使われ始めたのは2006年ごろとされています。当時、Google社のCEO、エリック・シュミットが次のようにいったそうです。

今、私たちは雲（クラウド）の中で生きています。（中略）情報やアプリケーションはサイバースペースの分散した環境に格納されるようになるでしょう。ネットワーク（筆者注：インターネットのこと）そのものがコンピュータになるのです注1。

では、ここでなぜ「雲」（クラウド）という言葉が使われたのでしょうか。その理由を、Googleの代表的な事業である検索サービスを例に考えてみたいと思います。

● Googleがクラウドの元祖

Googleの検索サービスを使ったことがないという人は、おそらくいないと思います。非常にシンプルでわかりやすい画面です。

図2　Google検索画面 (https://www.google.co.jp/)

知りたいキーワードを入れれば、世界中のWebサイトから、ほぼ瞬時に関係のありそうなページを探し出してくれます。

世界中に10億ものWebサイトがあり、その上には無数の画像や、テキストが掲載されています。Googleは、それらを徹底的に調べ上げ、誰から、いつ、どんな語を検索されてもすぐに返答できるようなしくみを提供しています。しかも、世界中で何十万人が同時にGoogleを使っていると思われますが、検索スピードが落ちることはありません。

このように極めて便利なWebサイトですが、私たちは、もうすっかり慣れてしまって、その「すごさ」を実感することができません。Googleを使っているとき、ほとんどの人は、その裏側にあるコンピュータのしくみについて考えることはないと思います。

注1　筆者訳。Schmidt, Eric. (2006). Don't bet against the internet, The World in 2007, The Economist Newspaper Limited.（http://www.economist.com/node/8133511）

検索サービス以外にも、Gmail（メール）やGoogleカレンダー（スケジュール管理）、Googleマップ（地図情報サービス）など、さまざまなサービスをGoogleは提供しています。いずれも、膨大なデータと数億人規模のユーザを抱えながら、高速なレスポンスを実現しているのが特徴です。

● クラウドはコンピュータの大群

こう考えれば、Googleの裏側にはとてつもない量のコンピュータリソース（コンピュータ自体やストレージ装置など）が使われていることがわかります。一説によると、Googleは世界全体で100万台以上のコンピュータを保持しているといわれています。まさにコンピュータの「大群」です。これが、クラウドという語が使われた理由の1つだと考えられます。

● クラウドは地球を覆っている

その100万台以上のコンピュータも、1ヵ所に集中して置かれているわけではありません。エリック・シュミットの言葉にあるように、ネットワークを使って世界中に分散して置かれています。地球全体を薄く広く覆っている大気の層を思い浮かべるとよいでしょう。その表面には白い雲が無数に漂っています。Googleのコンピュータの大群も、空の雲と同じように私たちの世界を取り巻いているのです。ここにも、クラウドらしさがあります。

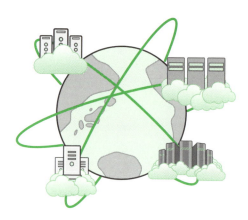

図3　クラウドは地球を覆っている

● クラウドは目に見えない

　私たちはクラウド（ここではGoogle）を使っていても、実際のコンピュータの存在を気にすることもありません。どこにあるのか、何台あるのか、今この瞬間、自分のために働いているコンピュータはどれなのか、目で見て確認することはできないのです。

　悪くいえば、「視界不良」で「あいまい」です。よくいえば、場所をとらず邪魔にならず、それでいて存在感があります。そのような特性も、クラウドという語感に表れています。

　以上、2006年にクラウドという言葉が使われた背景を考察してみました。今日では、Google以外にもさまざまなプレーヤーがクラウドサービス市場に参戦していますが、主要なサービスはほぼ、ここで挙げたような特徴を備えていると考えられます。

　クラウドの起源やだいたいの特性がわかったところで、次のSection 02以降では、公的機関が定めたクラウドの正式な定義について見ていきます。

Section 02 クラウドの定義①〜自動販売機

> アメリカの標準策定機関NISTがクラウドの定義を発表しており、日本の公的機関もこれを参照しています。基本的な特徴として5項目ありますので、1つずつ説明していきます。1つめは、少々唐突ですが「自動販売機」です。

● NISTによるクラウドの定義

クラウドの定義については、アメリカ国立標準技術研究所（National Institute of Standards and Technology。以下NIST）が策定したものが有名です。この定義は2011年9月に定められたものです。日本では、独立行政法人情報処理振興機構（以下IPA）が翻訳して公表しています[注2]。

NISTの定義では、クラウドの基本的な特徴として5つ列挙されています。ただし、上記のIPAの文書は英文直訳で、ややわかりにくい点がありますので、本書では少しかみ砕いた表現で解説してみたいと思います。

5つの特徴は以下のとおりです。

- 自動販売機
- 自由なネットワーク
- 共同利用
- 伸縮自在
- 明朗会計

● クラウドは自動販売機

1つめの特徴は「自動販売機」です。自動販売機のように使えることが、クラウドの条件といえます。IPAの文書では「オンデマンド・セルフサービス」となっています。クラウドの利用者が自分で操作してサービスを使えること、そして使いたいときにすぐに使えることが、クラウドの定義として盛り込まれているわけです。

注2 「NISTによるクラウドコンピューティングの定義」(https://www.ipa.go.jp/files/000025366.pdf)

少したとえ話をしてみます。急にのどが乾いて、オレンジジュースを飲みたくなったとしましょう。「飲みたい」と思ってから、「実際に飲む」までの間の「手順」を考えます。極端な例を2つ考えてみましょう。

ケース1
- 喫茶店やレストランに入る
- ウェイターやウェイトレスにオレンジジュースを注文する
- オレンジジュースが出てくるまで待つ
- 通常はコップなどに入って出てくるので、出てきたら飲む
- 空になったコップは下げてもらう
- 請求書（伝票）を受け取る
- 費用はレジ係に支払う

ケース2
- 自動販売機の前に立つ
- 自分でお金を入れる
- 自分でオレンジジュースのボタンを押す
- 即座に缶ジュースがでてくる
- 自分で缶を開けて飲む
- 空き缶は自分で捨てる

　ケース1はセルフサービスではありません。モノ（オレンジジュース）の注文や提供、費用の精算をする際に、人間（喫茶店やレストランのスタッフ）が関わっています。

　これは、企業において大きな買い物をする際に一般的に行われている行為に近いといえるでしょう。コンピュータ（サーバ）を買う場合は、業者の営業を呼んで、希望を伝えます。見積りを取得し、値引き交渉をすることもあるでしょう。モノを運ばせ、適切な場所に設置させたら、リース会社などを通じて費用を払います。

　注文から納品まで時間がかかるので、即座に使いたいユーザにとってはオンデマンドとはいえません。サーバの性能にもよりますが、十数日〜数ヵ月かかることも珍しくありません。また、サーバが不要になって、返却や廃棄

をしようとしても、最低でも4～5年は保有しなければなりませんので、その間の使い道や費用負担に頭を悩ませることになります。引き取りも業者にお願いしなければなりません。

図4　従来のサーバ調達は喫茶店でジュースを注文するイメージ

　ケース2はセルフサービスです。自分以外の人間は介在していません。モノ（オレンジジュース）を選ぶのも自己責任です。事前に自動販売機から見積書はもらえませんし、自動販売機と値引き交渉をすることもできません。万が一、ボタンを押し間違えたら、その費用は自分が支払わなければなりません。しかし、正しいボタンを押せば、希望のモノは即座に得られます。

　サーバの例でいえば、クラウドではほぼこのケース2のスタイルで調達することになります。注文してから使えるようになるまで、数分～数時間といったところです。自動販売機のジュースと違うところは、間違って調達したサーバであっても、短時間で廃棄することが可能（費用は借りていた時間分だけ）という点です。廃棄という行為自体もセルフサービスでオンデマンドなのです。

図5　クラウドでのサーバ調達は自動販売機でジュースを買うイメージ

●「オンデマンド」にもご用心

　ところで、「オンデマンド」という用語も、使う人によって意味が異なるので注意が必要です。クラウドの定義に書かれている「オンデマンド」は、注文

から納品までの時間を定めていません。主要なクラウドはサーバの調達に数分程度しかかかりませんので、さらに時間を短縮する余地もほとんどなく、オンデマンドと呼んでさしつかえないでしょう。

　だからといって「オンデマンド」とうたわれているサービスなら、すべて同様というわけではありません。実際に、ユーザーが依頼してから利用可能になるまで数営業日かかるサービスでも「オンデマンド」だと表現しているケースがあります。たしかに数ヵ月かかるような従来の物理的な調達に比べれば圧倒的に早いのですが、「数営業日」がオンデマンドかというと、議論の分かれるところです。

　筆者がこれまで見た中で、イメージとの大きなズレを感じたのは「オンデマンドで手配します」という言葉です。2つ事例があるのですが、よくよく追求すると、1つは「ご注文を受けてからすぐに（海外から）デリバリーします」、もう1つは「ご注文を受けてからすぐに作り始めます」という意味でした。一応、クラウドという名の付いたサービスでしたが、これでは従来と変わらず何の進歩もありません。

　オンデマンドは、ある意味では使い古された言葉ですので、あらためて意味を確認することは気恥ずかしく感じられるかもしれません。しかし、ここで述べたような状況も珍しくありませんので、「オンデマンド」という言葉に対して自分と相手が同じイメージを共有できているかどうか、十分確認する必要があります。

Section 03 クラウドの定義②〜自由なネットワーク

クラウドの定義の2つめは、「自由なネットワーク」です。「自由」とはどういうことか、「ネットワーク」にはインターネット以外のものも含まれるのか、このあたりを見ていきましょう。

● クラウドは自由なネットワーク

　NISTが定義するクラウドの2つめの特徴は、「自由なネットワーク」です。IPAの文書では「幅広いネットワークアクセス」と書かれています。

　本章のSection 01で紹介したように、かつてエリック・シュミットは、「ネットワーク自体がコンピュータになる」と表現しました。文字どおり、クラウドはネットワークと一体化しています。自由自在なネットワークアクセスが、クラウドには必要不可欠といえるでしょう。

　まずは普通に、クラウドサービスを「インターネット経由で利用できること」が重要です。それに加えて、「接続する機器に制約がないこと」が望ましいのです。Windowsでも、Macでも、スマートフォンでも使えること。そして、利用に際しては、特殊なソフトを組み込む必要がない（一般的なWebブラウザだけで基本的な操作ができる）ことが重要といえるでしょう。

●「自由」とは何か

　ここで「自由」とは、「一般の人（第三者）から見て自由」という意味ではありません。利用者（管理者）にとって、思いどおりになるという意味です。利用者が、「クラウド上の自分の環境に対して、インターネット上の誰でもアクセスできるようにしたい」と思えば、そのようにできなければなりません。逆に、「自分以外は誰もアクセスできないようにしたい」と思えば、それもかんたんに実現できるようになっている必要があります。

　その中間にも、「ある会社からだけにアクセスを許したい」や、「権限を持っている人だけOKにしたい」など、さまざまなニーズが考えられます。もちろん、それらも自由に実現できることが必要です。

専用ネットワークでクラウドの企業利用が拡大

　NISTがこの定義を定めたころは、まだあまり一般的ではなかったのですが、最近は、クラウドサービスに専用ネットワークで接続することが可能になりました。ここでいう専用ネットワークとは、専用線接続や閉域網接続[注3]のように、インターネットを経由せず、他人は入ってくることができない自社専用の接続方法のことです。

　実は専用ネットワークによる接続が可能になる以前は、クラウドと企業内ネットワークを接続するにはインターネットを経由する方法しかありませんでした。そのころでも、インターネットVPN[注4]という技術を使って仮想的な専用線接続（他人が入ってこれず、盗聴もできないネットワーク）を実現することは十分に可能でした。しかし、企業（とくに日本企業）においては、インターネットを経由すること自体に根強い抵抗感がありました。「クラウドは便利そうだけど、接続がインターネット経由なので不安」あるいは「社内ルール上、使えない」といった企業が今でも数多く存在します。

　その後、パブリッククラウドでもインターネットを経由しない専用ネットワーク接続が可能になり、企業のクラウド利用は急速に拡大しました。セキュリティ面での安心感のみならず、通信帯域（通信速度）が安定していますので、この点に魅力を感じるユーザも多いようです。費用面ではインターネットVPNよりも高額ですが、それも安心料といったところでしょう。

　繰り返しになりますが、接続方法や接続の権限を利用者が自由に選べるのはクラウドにとって大切なことです。専用ネットワークもその選択肢の1つです。

図6　専用ネットワークが企業のクラウド利用を加速している

注3　専用線接続や閉域網接続については、第3章 Section 06で解説します。
注4　VPNはVirtual Private Networkの略で、仮想的に自社専用のネットワークを実現する技術です。仮想閉域網などと呼ばれます。専用の機器を使ってインターネット上にVPNを構築する方法を、インターネットVPNといいます。

Section 04 クラウドの定義③〜共同利用

クラウドの定義の3つめは、「共同利用」です。多数の企業や人が同時にクラウドのコンピュータリソースを利用しても、自分以外の利用者を意識することはありません。それぞれ自分専用のものとして使うことができます。

●「共同利用」の意義

　一般家庭やオフィスで使う「電力」について考えてみましょう。利用者は、地域の電力会社と契約して電力を購入しています。利用者一人一人は、普段、自分以外の利用者について考えることはほぼないでしょう。

　しかし、よく考えてみると、実は自分以外の利用者と物理的にいろいろなものを共同利用していることがわかります。最大のものは発電所です。利用者一人一人の専用の発電所というものは存在しません（大昔はあったようですが、少なくとも今の時代にはありません）。発電所のような大きな設備を多数の利用者でシェアして使う——これが共同利用の1つの意義です。利用者ごとに個別の発電機を用意するよりも、安い費用で済むわけです。しかも、利用者がほかの利用者の存在を意識することはほとんどありません。

　クラウドでも同じことがいえます。クラウドベンダは、データセンタの中に大規模な（大量の）コンピュータやストレージ装置などを準備しています。利用者は、そのごく一部を「仮想的」に切り出し、自分専用のものとして使います。

● すべては「仮想化」されている

　先ほどの説明の中に、「仮想」という言葉が出てきました。これはクラウドの共同利用において非常に重要な考え方です。利用者は、自分の使うサーバを物理的に指定することはできません。サーバは共有リソースの一部を使って仮想的に組み立てられ、利用者に提供されます。やや面倒な気もしますし、物理的な実体を伴わないので不安に思われるかもしれません。また、赤の他人（別の利用者）とリソースを共有しているという点も気になるところです。

● 仮想化して共同利用するメリット

しかし、この方法には「物理的な制約から解放される」という大きなメリットがあります。どこかの部品が壊れたら、その部分を捨て、ほかに乗り換えることが可能になります。物理的な専有物を個別に指定する方法では、このようなことはできません。

また、巨大な装置を（仮想的に）小分けして使えば、ひとつひとつのサービスは安価にできます。電力の例でいえば、発電所を1つ作るのに何百億円もかかるのに対して、1人のユーザが1ヵ月に払う金額はそれに比べれば圧倒的に少ない金額で済むというようなものです。

ほかにも、リソースのコピーが容易にできる、伸縮自在になる（次のSection 05参照）、管理や監視を自動化しやすいなど、共同利用にはさまざまなメリットがあります。

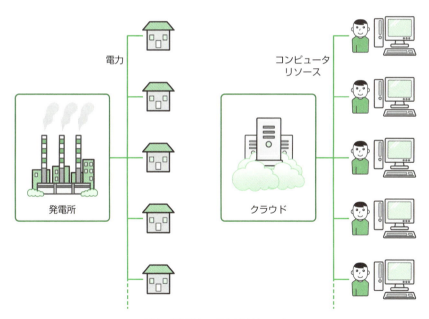

図7　発電所とクラウドは似ている

Section 05 クラウドの定義④〜伸縮自在

クラウドの定義の4つめは、「伸縮自在」です。クラウドの最大の特徴であり、上手に活用すればビジネス面でも大きなメリットがあります。ニーズの変化に合わせてサーバを増やしたり、減らしたりと、柔軟な対応が可能です。

● 何が「伸縮自在」なのか

本章Section 04で説明しましたが、クラウドベンダは膨大なコンピュータリソースを用意しています。利用者は、使いたいときにそのごく一部を使うことができます。

たとえば、一般的な業務システムがサーバ1〜5台程度で構成されていると仮定しましょう。主要なクラウドでは、5台の仮想サーバを「今すぐ」調達することが可能です。このとき、ユーザの利用台数は0台から5台へと増えた（伸びた）わけです。

次に、何日か使っているうちに検証環境が必要になったとしましょう。構成はすべて同じにして、本番用とは別の独立した環境を用意するのが安全です。そこでさらに5台の仮想サーバを調達します。これも、ほぼ即座に利用可能な状態になります。利用台数は5台から10台へと拡大しています。

さらに、ある日突然、そのシステムが完全に不要になったとしましょう[注5]。そのときは10台のサーバをすべて削除すればよいのです。利用台数は10台から0台へと減少（縮小）します。

このように、サーバの利用台数が利用者のニーズに応じて自在に伸び縮みします。これが「伸縮自在」ということです（図8参照）。

● 1日のうちに1,000台の増減に対応

筆者の経験したシステムで、次のようなケースがありました。

ある科学研究機関で行っている大規模なコンピュータシミュレーションで

注5　このような状況は考えにくいと思われるかもしれませんが、業務がアウトソースされたり、利用部門が撤退したり、アプリケーションをSaaSに切り替えたりすれば起こり得ることです。

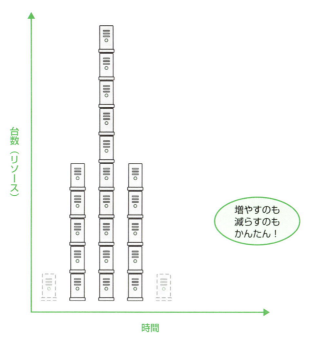

図8　クラウドは伸縮自在

　計算時間を節約するために、1,000台のコンピュータをクラウド上で使うことになりました。計算時間はおおむね半日です。シミュレーションを始める直前まで、利用台数は0台です。朝にシミュレーションを始めると、利用台数は1,000台に跳ね上がります。夕方にシミュレーションが終われば、コンピュータを「片付け」ますので、利用台数は再び0台に戻ります。1日の中で、利用台数が0台→1,000台→0台と推移しているわけです。クラウドが優れた「伸縮自在」性を発揮していることがわかります[注6]。

　ここまでは仮想サーバの話ですが、ストレージについても同じことがいえます。オブジェクトストレージ[注7]というしくみを使えば、クラウド上に好きなだけファイル（この場合はオブジェクトといいます）を置くことが可能です。何ファイルでも、何Tバイトになっても OK です（合計サイズに応じて課金されます）。こちらも、オブジェクトが不要になれば単純に削除するだけです（以後の利用料はゼロになります）。

注6　余談ですが、このシミュレーションは1週間に一度くらいの割合で、2年ほど実施されました。研究に関わっていた研究者は1人でした。当時は画期的なやり方だと筆者は思っていましたが、今ではまったく珍しくないようです。
注7　オブジェクトストレージについては、第3章 Section 05 で解説します。

● 事実上無限のキャパシティ

　もちろん、クラウドベンダといえども魔法を使っているわけではないので、リソースは無限ではありません。「何台でも」といっても、限度はあります。しかし、本章Section 04の説明を冷静に受け止めれば、ほとんどの業務システムにおいて、事実上、問題がないことが理解できると思います。この部分は、NISTの定義の中でも「ユーザにとっては、多くの場合、割り当てのために利用可能な能力は無尽蔵で、いつでもどんな量でも調達可能のように見える」と書かれています。

　クラウドベンダがどのくらいの台数のハードウェアを準備しているのかについては、公表されている資料がありません。おそらく、毎日のように増強されているので、クラウドベンダ側でも正確な数を把握することが難しいのでしょう。

Section 06 クラウドの定義⑤〜明朗会計

クラウドの定義の5つめ、最後の項目は「明朗会計」です。クラウドの技術的な特性ではないように思われるかもしれませんが、なぜこの項目が追加されているのか、その理由も含めて説明します。

●「伸縮自在」は困りもの？

　Section 05では、クラウドは「伸縮自在」だという説明をしました。これは便利な特性ではありますが、注意が必要です。当然ながら、利用した以上は利用料を支払わなければなりません。Section 05で例に挙げた中から解説してみましょう。

　仮想サーバ5台程度の検証環境は即座に作ることができるという話を紹介しましたが、いろいろ試していると、さらに別のことを検証したくなってくることも少なくありません。そうすると、新たにクリーンな環境が欲しくなったりします。別の担当者がいれば、その人専用の環境が別途必要になることもあるでしょう。こうして、似たような環境が増えていくことは珍しくありません。やがて管理が煩雑になると、誰も全体の利用状況を把握・管理できずに、課金だけ発生する環境が存在し続けることがあります。

　1,000台で実施するシミュレーションも、予定どおりに計算が終了すればよいのですが、もし1時間延びてしまえば1,000台×1時間で合計1,000時間分もの利用料が加算されることになります。1時間あたりの単価は安くても、1,000倍となると話は別でしょう。

　ストレージも、いつの間にか利用量がふくらんでしまうことがよくあります。誰が置いたかわからないファイルや、重要度が不明なファイルなど、消すに消せないファイルがたまっていきます。これも単価はたかが知れているものの、数が集まればそれに応じた課金になってしまいます。伸縮自在は便利なのですが、気づかぬ間に利用料が増えていき、思いがけず高額になってしまう危険性があるのです[注8]。

注8　このような状態は、冗談交じりに「クラウド破産」と呼ばれていました。

● 明朗会計と自己責任

　こうした事態を防ぐために、クラウドでは利用状況をきちんと管理できるしくみが重要です。自分が使っている仮想サーバのスペックや台数、ストレージの容量、その他の付帯サービスの利用状況などが、適切に情報提供されるようにしなければいけません。それも、本章Section 02で紹介したクラウドの定義にあるように、ユーザ自身の手で（セルフサービスで）、要求に応じて即座に（オンデマンドで）確認できるのが望ましいでしょう。

　主要なクラウドは、すべてこの機能を充実させています。利用者はいつでも、現時点での課金状況を把握することが可能です。裏返していえば、金額の管理はユーザの責任であることが明確になっているのです。

　スマートフォンやオンラインゲームなどでは、まれに「請求明細を見て、思わぬ金額に驚いた」ということが起きたりしますが、クラウドでも管理をサボれば同様のことが起きてしまいます。ユーザやIT管理者は、管理機能を適切に使って、そのような事態にならないよう気をつける義務があるわけです。クラウドそのものが「セルフサービス」を原則としている以上は、当然のことといえるでしょう。

第 2 章

クラウドの
サービスモデル

第1章では、NISTによるクラウドの定義から5つの基本的な特徴を紹介しました。NISTではさらに、クラウドには3種類の「サービスモデル」があるとしています。本書のメインテーマである「IaaS」も、その1つです。それぞれの概要を説明し、3つのサービスモデルの違いを整理します。

Section 01 サービスモデル①〜SaaS

NISTは「サービスモデル」によってクラウドを3つに分類しています。よく知られている分類ですので、概要を把握しておきましょう。1つめは、「SaaS (Software as a Service)」です。

● クラウドのサービスモデルの種類

　NISTの文書では、クラウドの「サービスモデル」について定義されています。クラウドベンダは、利用者に対し「モノ」ではなく「サービス」を提供していますが、サービスにもいろいろな「種類」があり、システムの実現方法や利用者の利便性、責任範囲が異なっています。大きく分けて、次の3種類のサービスモデルがあります。

- SaaS (Software as a Service)
- PaaS (Platform as a Service)
- IaaS (Infrastructure as a Service)

● SaaSとは

　SaaSとは、ほとんどできあがっているソフトウェア（業務アプリケーション）がインターネット経由で提供される形式をいいます。ユーザはWebブラウザなどを経由して、ソフトウェアを使います。

　「ほとんどできあがっている」とは、ユーザの要望によって多少はカスタマイズできる余地があるという程度の意味です。あらかじめ定められた「設定項目」があり、そのいくつかを変更していく方法に近いイメージです。ソフトウェアのソースコードを変更するようなカスタマイズはできません。

● SaaSでできること

　SaaSにおいては、ユーザが触れることができるのは、極論すればアプリケー

ションの画面ないし、その設定変更画面だけです。ソフトウェアが使うデータベースに関する部分やデータが保持されるストレージ、処理を行うサーバやOSについて、ユーザは直接触れることはできません。

「触れることができない」と書くとネガティブな印象ですが、「気にする必要がない」とポジティブにとらえることもできます。「(動作する)アプリケーションを提供すること」がSaaS事業者の責任ですので、たとえば障害が発生した場合には事業者側の責任で復旧作業が行われます。

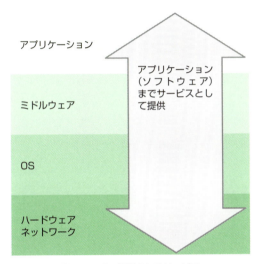

図1　SaaSで提供されるサービス

● SaaSではできないこと

SaaS事業者は、自社が得意な業務アプリケーションを提供しています。ユーザはそのアプリケーションが肌に合えばそのまま使えばよいのですが、気に入らない場合にカスタマイズを要求することは難しいでしょう。むしろ、「アプリケーションが気に入らなければ使うな」という考え方が原則になります。

また、ユーザが今、オンプレミス[注1]で保有している業務アプリケーションをSaaSに持ち込むこともできません。例外的に、アプリケーションによってはオンプレミス版とほぼ同様のものがSaaSで提供されているので、その場合は乗り換えが可能になることもあるようです。しかし、これはレアケースです。どうしても、今、自分が使っているソフトウェアをクラウドで使いたい場合

注1　システムの所有や設置の方式を意味する言葉で、クラウドが普及する以前には一般的だった形態のことです。詳しくは第3章Section 01で解説します。

には、後述するPaaSかIaaSを使うのが一般的です。

● 擬似的なSaaS

　NISTの定義とはやや異なるSaaSもあります。たとえば、オンプレミスのソフトウェアをそのままレンタルサーバにインストールして、シングルテナント（1サーバ＝1ユーザ）で提供する方式があります。

　ユーザ側から見ればSaaSに見えなくもありませんし、カスタマイズにも積極的に応じてくれますので、便利な印象もあります。ただ、長期契約の縛りがあったり、耐障害性が低かったりと、よくよく考えるとオンプレミスでライセンス購入するよりもかなり割高なケースもあります。NISTの定義にあるオンデマンド性や共同利用というモデルにはまったく当てはまりません[注2]。

　NISTの定義とは異なるから絶対に悪いというつもりはありませんし、利用者が便利だと思うなら遠慮なく使えばよいと思います。ただし、クラウドという言葉によって期待される性能や機能が実際にあるかどうかを、十分確認する必要があります。過剰な期待はトラブルのもとです。

注2　筆者の仲間うちでは「なんちゃってSaaS」と呼んでいました。

Section 02 サービスモデル②〜PaaS

サービスモデルの2つめは、「PaaS (Platform as a Service)」です。ユーザは必要なアプリケーションを開発し、クラウド上で動かすことができます。クラウド初心者には少々敷居が高いモデルかもしれません。

● PaaSとは

　PaaSはSaaSによく似ていますが、アプリケーション（多くはWebアプリケーション）はユーザが開発したものしか利用することができません。オンラインのサービスやゲームなどを提供している企業で、サービスの開発や更新を頻繁に行うのであれば、PaaSの利用が適しています。もちろん自力でアプリケーションを開発できるなら、企業の中で業務システムの基盤としても使うことができます。利用に際しては、開発したコードをPaaSにインストール（正確には「デプロイ」といいます）するだけです。サーバのセットアップや管理などは、基本的に自動化されています（クラウドベンダ側で面倒を見てくれます）ので、ユーザ側でそこに手間をかける必要はありません。ユーザは開発に専念すればよいのが特徴です。

　利用するデータベースの種類やサーバのサイズ、冗長構成[注3]のオプションなどはユーザが指定する必要はありますが、指定さえすれば、あとはクラウド側が準備してくれます。SaaSの場合と同様に、その中身にまでユーザが関与することはできませんし、また、その必要もありません。

● PaaSでできること

　ユーザはアプリケーションを開発し、PaaS上ですぐに動かし始めることができます。開発スキルおよびインフラ（動作環境）を指定する最低限の知識は必要ですが、スキルを有しているならば、非常に少ない労力でアプリケーションを動作させることができます。その代わり、そのアプリケーションの性能や機能に関するすべての責任はユーザが負うことになります。

注3　機器の故障に備え、あらかじめ複数台の機器を並列的に動作させておくこと、またはそのような設計のことです。

このような状況は、企業の内部で利用する業務システムにおいては、あまり一般的ではないだろうと思います。あるとすれば、インターネット上で広く公開するサービスを新たに開発・運用する場合でしょう。そのような新しい事業をスピーディに作り上げたり、改善したりしたい場合には、PaaSは非常に有効な選択肢といえます。

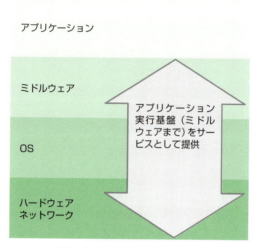

図2　PaaSで提供されるサービス

● PaaSではできないこと

逆にいうと、PaaSではユーザが開発したものしか動かせません。いわゆる業務パッケージソフトウェアなどは一種の完成品であり、ユーザがソースコードを持っていませんので、PaaSにインストールすることはできません。

また、ユーザが開発したアプリケーションでも、特殊なインフラと密接に関わっているものはPaaS上で実行することができません。たとえば、特定のハードウェアメーカのOSに依存したつくりになっているものや、ハードウェアを直接いじるようなしくみになっているもの、PaaSで提供されていない商用データベースとの連携を前提とするものなどは、それらの点を解消しないとPaaSに移行することは難しいでしょう。

Section 03 サービスモデル③〜IaaS

サービスモデルの3つめは、「IaaS (Infrastructure as a Service)」です。初心者でもなじみやすく、利用頻度の高いクラウドサービスと考えられます。本書もIaaS利用を中心に解説しています。

● IaaSとは

IaaSについてNISTの文書には次のように定義されています。

> 利用者に提供される機能は、演算機能、ストレージ、ネットワークその他の基礎的コンピューティングリソースを配置することであり、そこで、ユーザはオペレーティングシステムやアプリケーションを含む任意のソフトウェアを実装し走らせることができる。

「要するに、ネットワーク経由でサーバを使わせるだけじゃないの？」「それはレンタルサーバでは？」と思われるかもしれません。たしかにこの部分だけを読めば、そう感じると思います。しかし、第1章で紹介した5つのクラウドの定義を考え合わせる必要があります。上記の機能が、オンデマンドかつセルフサービスで、いつでもどんな量でも調達可能のように見える——それが「真のIaaS」ということになります。

● IaaSでできること

ユーザにはサーバ（仮想サーバ）のOSのルート権限[注4]が与えられますので、サーバのOS上でできることは、ほとんど実行できます。

もちろん、複数のサーバを使って複雑なシステムを組み上げることも可能です。たとえば、ネットワーク管理の機能を使って内部ネットワークと外部

注4 OSの管理者が持つ権限のこと。ルート権限があれば、そのOS上のファイルやプロセス、リソースに対し、何でもできてしまうことになります。

ネットワークを作り、そこに3層構造[注5]のWebシステムを配置することもできます。「オンプレミスでできていたこと」は、ほぼ同じようにクラウド上でも実現できると考えてよいでしょう。

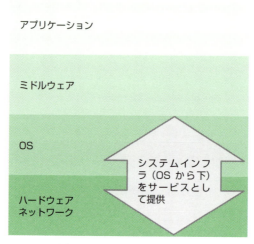

図3　IaaSで提供されるサービス

● IaaSではできないこと

ただし、物理的なサーバでできることが、すべて実行できるとは限りません。サーバ（OS）がすべて仮想化されているため、IaaSでは実行できないことも一部出てきます。たとえば次のような例です。

クラウドベンダ側で用意していないOSを使う

ハードウェアメーカが自社のハードウェア専用に提供しているOSなどがこれにあたります。HPのHP-UX、IBMのAIXなどです。

クラウドでは、WindowsやLinux（Red Hat、CentOSほか）などの「オープン系」といわれるOSを使うのが一般的です。

ハードウェアに依存するしくみを使う

物理的なサーバではありませんので、周辺機器の増設などはできません。持ち込みのハードディスクを装着したり、ISDNモデムを取り付けたりするこ

注5　プレゼンテーション層（Webサーバ）、アプリケーション層（アプリケーションサーバ）、データ層（データベースサーバ）。Webシステムはこの3層構造が基本となります。

ともできません。

　また、特殊なUSBキーを使ってライセンス認証するようなソフトウェアは、そのままでは認証させることができません。

動作保証されていないソフトウェアを使う

　ソフトウェアによっては、ベンダが仮想環境での動作を保証しない場合があります。無理やりインストールすれば動作するかもしれませんが、ベンダのサポートが得られなくなるリスクがあります。

　また、インストールするサーバは「ユーザの資産でなければならない」と定めているソフトウェアもあります。

　とはいえ、世の中全体で見れば、これらの制限にひっかかるような事態は激減しているのが実情です。

● 「IaaS＝サーバ」と考える

　IaaSは、「オンプレミスのサーバの代用品」と考えることができます。本当はオンプレミスのサーバではできないような革新的なことがたくさんあるので、「代用」というのは気が引けるのですが、とりあえずそこには目をつぶってシンプルに考えれば、IaaSはオンプレミスのサーバと機能的に同じといってよいでしょう。

　つまり、IaaSは「わかりやすく、使いやすい」クラウドであり、「とっつきやすい」サービスです。入門には最適だと思います。

Section 04 サービスモデルのまとめ

ここまで、SaaS、PaaS、IaaSそれぞれについて見てきました。「サービスモデルのまとめ」として、ここでは3つのモデルを異なる複数の視点から比較し、メリットやデメリットを整理します。

● サービス視点でのまとめ

　一般的にシステムは、インフラ（一番下の層）からアプリケーション（一番上の層）へと至る「階層」でとらえることができます。クラウドベンダはどの部分を提供しているのか、ユーザはどの部分を自前で用意しなければならないのかという切り口でまとめたのが次の図です。

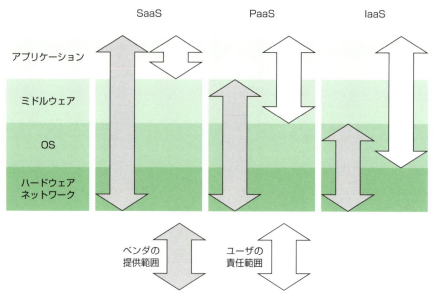

図4　SaaS、PaaS、IaaSのサービス提供範囲と責任範囲

　ベンダとユーザの両方が関わっている部分がありますが、これは次のような状況を示しています。

表1　ベンダとユーザの両方が関わる部分

SaaSのアプリケーション	アプリケーションそのものを提供するのはクラウドベンダ側。これを設定したり、利用者の管理を行ったり、利用に必要な情報（マスタ情報など）を整えたりするのは、ユーザ側の責任となる。このような作業はクラウドベンダ側に任せることはできない（理論的には可能でも、メリットがない）
PaaSのミドルウェア[注6]	ミドルウェアはクラウドベンダ側が用意する。たとえばデータベースなら、複数のデータベース製品が選べるが、用意されているラインナップ以外を使うことはできない。また、データベースの定義やデータの整備、バックアップ方式の指定などは、ユーザ側の責任となる
IaaSのOS	OSはクラウドベンダ側が用意している複数の製品から選ぶことができる。ルート権限がユーザ側に渡され、クラウドの管理者も入れない状態になるので、パッチの適用やアップデートなどの作業はユーザ側で行う

● アプリケーション視点でのまとめ①〜提供責任

「最終的なアプリケーションを誰が責任を持って提供するのか」という観点では、次のように整理できます。

表2　アプリケーションの提供責任

SaaS	クラウドベンダ
PaaS	ユーザ（ただし、自社開発したWebアプリケーションに限る）
IaaS	ユーザ（商用アプリケーションを持ち込む場合を含む）

● アプリケーション視点でのまとめ②〜カスタマイズ

クラウド以前では、アプリケーションを自社の業務に適合するようにカスタマイズすることは珍しくありませんでした。クラウドを利用する場合はどのようになるのかという視点でまとめます。

注6　OSとアプリケーションの間（middle）で重要な役割を持つソフトウェア。データベースソフトウェアはその一例です。

表3　アプリケーションのカスタマイズ

SaaS	あまり自由なカスタマイズはできない（ほとんどできない場合もある）
PaaS	ユーザがソースコードを持っていることが前提となるので、好きなようにカスタマイズできる
IaaS	オンプレミスのアプリケーションとほとんど同じようにカスタマイズできる

● トラブル視点でのまとめ

　アプリケーションの提供責任とも関連しますが、アプリケーションが何らかの理由で動作していない場合、誰が責任を持って復旧するのかという観点で整理します。

表4　トラブル発生時の復旧責任

SaaS	クラウドベンダが復旧に努める
PaaS	アプリケーション部分の障害はユーザの責任。インフラ部分に障害がある場合は、利用しているサービスによって対応が異なる。ベンダが復旧するサービスと、IaaS同様にユーザが責任を持つサービスがある
IaaS	基本的にユーザが責任を持つ。高い可用性[注7]が必要な場合には、トラブルに備え、あらかじめ必要な構成を組んでおく必要がある

　最後の解説は「納得できない」と感じた人も多いのではないでしょうか。「IaaSを提供しているのはクラウドベンダだが、障害が発生した場合はユーザが責任を持って対応する」というように読めます。この考え方には慣れていただく必要がありますので、次章以降も随所で解説します。

注7　利用者から見てシステムが継続的に利用できることを可用といい、そのレベルを可用性と呼んでいます。半日くらい停止してもあまり困らないようなシステムは可用性が低くてもよいのですが、1分でも止まると困るようなシステムでは高い可用性が必要となります。

第**3**章

クラウドを理解するためのキーワード

クラウドの基本的な定義やサービスモデルについて、理解できましたでしょうか。続いて本章では、クラウド（とくにIaaS）関連のキーワードを解説していきます。クラウド以外の分野に思えるものも出てきますが、理解を進めるうえで重要ですので把握しておきましょう。

Section 01 オンプレミスとは

「オンプレミス」は、クラウドの対義語として使われるようになった言葉です。クラウド以前は「あたりまえ」だったシステム運用形態のことですが、語源とは微妙に異なる使い方をされていますので、少し注意が必要です。

● クラウド以前はあたりまえのやり方

「オンプレミス (on premise)」は、もともと「(自社の) 敷地内で」や「(自社の) 施設内で」といった意味を持つ言葉です。省略して「オンプレ」と呼んだり、「自前主義」といい換えたりすることもあります。

クラウド（とくに次のSection 02で解説するパブリッククラウド）が企業システムの中で使われる以前の時代には、情報システムの構築に必要なサーバ類はその企業が自前で購入するのが一般的でした。サーバ類は、ユーザ企業の資産（リース資産を含む）だったのです。このように、自前でコンピュータを用意して使う状態をオンプレミスと呼びます。

クラウド以前にはそのような運用形態があたりまえでしたので、とくに名前はなかったのですが、クラウドが広まる中で、古くからのやり方に新しい名前が付きました。

● 設置場所が自社敷地内とは限らない

自前のコンピュータの設置場所は、自社の敷地や施設内に限定されるわけではありません。語源から考えると少々変ですが、データセンタなどの「他人の施設」を借りて、そこに自社のコンピュータを置いて運用する場合も「オンプレミス」と呼ばれます。

この場合は、データセンタのどの区画を使用するかということまで厳密に決めて契約書を交わしますので、「そこは自社の施設と同じ」と考えるようです。住居でいえば、他人の持ちものである賃貸アパートを借りて生活しつつ、そこを「自宅」と呼ぶような感覚です。

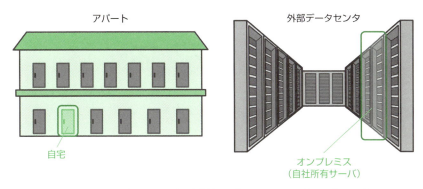

図1 自社コンピュータ設置場所が外部のデータセンタでも「オンプレミス」

●「古い」という意味ではない

　オンプレミスは、「クラウドではないもの」を意味します。その流れでしばしば、「クラウド時代に対応していない古い考え方やシステム」という文脈でカジュアルに使われることがあります。そのような側面も多少はありますが、オンプレミスだからといって、必ずしも「古い」ということはありません。

　クラウド側のサーバ類とユーザ拠点側のサーバ類をネットワークで直結し、全体として1つのシステムを構成する新しい手法もあります（「ハイブリッドクラウド」などと呼ばれます）。このとき、ユーザ拠点側にあるネットワークや機器類を「オンプレミス側」あるいは「オンプレ側」と呼んでいます。

Section 02 パブリッククラウドとは

本書でおもに扱うのは「パブリッククラウド」です。ここでは、NISTによるパブリッククラウドの定義を紹介します。実は、この言葉は最近あまり使われなくなっているのですが、その理由も併せて説明します。

● パブリッククラウドの定義

NISTはパブリッククラウドを次のように定義しています。

> クラウドのインフラストラクチャは広く一般の自由な利用に向けて提供される。その所有、管理、および運用は、企業組織、学術機関、または政府機関、もしくはそれらの組み合わせにより行われ、存在場所としてはそのクラウドプロバイダの施設内となる。

イメージとしては、電車やバス、船などの「公共交通機関」のようなものですね。公共交通機関も次のような特徴を備えています。

- 広く一般の人が自由に利用できる
- モノ（電車などの輸送機器）は、サービス提供者（サービスプロバイダ）が保有して管理する

輸送機器は高額なものですから、通常、個人で保有・管理することはできません。そこで、サービス提供者が輸送機器をあらかじめ保有・管理し、パブリックに（不特定多数の人たちに）利用してもらっています。こうすることで、一人一人の利用者は比較的低コストで電車やバスの恩恵を受けることができます。

パブリッククラウドも、これとほぼ同様の考え方で成り立っています。つまり、クラウドベンダ（プロバイダ）があらかじめ大量のコンピュータリソースを用意し、それを広く一般の人に自由に使ってもらうというスタイルで

す。「一般の人」と書きましたが、もちろん「企業」が使うことも問題ありません注1。

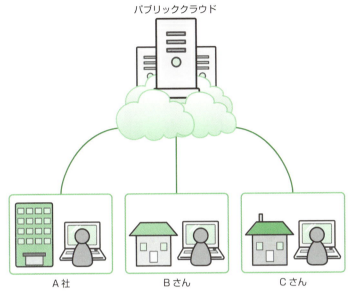

図2　パブリッククラウドは不特定多数の個人や企業が利用

● クラウドといえばパブリッククラウド

　「パブリッククラウド」という言葉は、クラウドの黎明期にはよく使われていた言葉なのですが、このところあまり聞かれなくなっています。

　次のSection 03で説明する「プライベートクラウド」という概念がまだ有効であったころは、単にクラウドというだけでは、「パブリッククラウド」のことか「プライベートクラウド」のことか区別がつかなくなるので、ていねいに呼び分ける必要がありました。しかし最近では、パブリッククラウドへの関心が高まり、相対的にプライベートクラウドがあまり話題にのぼらなくなりました。

　汎用性や気軽さ、コスト、事例数、実ユーザ数などにおいて、前者が圧倒的に後者に勝っています。いまやクラウドといえば、ほぼ間違いなくパブリッククラウドのことを指しています。本書も、そのトレンドに従っています。

注1　企業が個人と同じように扱われるということです。この点に違和感を持つ企業の方も多いようですが、ここは逆に「個人も企業と同じように扱われる」と理解しておくとよいでしょう。

Section 03 プライベートクラウドとは

Section 02のパブリッククラウドと相対する概念として「プライベートクラウド」という言葉があり、NISTの文書でも定義されています。本書では深掘りしませんが、その理由を含めて解説します。

● プライベートクラウドの定義

プライベートクラウドについて、NISTの文書では次のように定義されています。

> クラウドのインフラストラクチャは、複数の利用者（例：事業組織）から成る単一の組織の専用使用のために提供される。その所有、管理、および運用は、その組織、第三者、もしくはそれらの組み合わせにより行われ、存在場所としてはその組織の施設内または外部となる。

ちょっと難しい日本語ですが、多くの場合、次のようなものを指すようです。

- 比較的大きな企業で使われる
- IT担当部門が大量のコンピュータリソースを自前で持つ
- ユーザ部門がそれをパブリッククラウドのように使う

いわゆる「仮想化基盤」と呼ばれるものを大規模に買いそろえたようなものだと思っていただければよいと思います。これによってエンドユーザ部門は第1章のクラウドの定義で説明したような便利な機能を使い、メリットを得ることができるというわけです。

しかし、ちょっと考えれば、このしくみはIT担当部門にはほとんどメリットがないことがわかります。それどころか、逆にさまざまな負荷を抱えることになります。たとえば次のようなことです。

- 巨額のシステム投資が必要となる
- 巨大なシステムの維持・管理・保守が必要となる
- ユーザが増えすぎてリソースが足りなくなる恐れがある
- 逆にユーザが増えないと、高価なシステムが遊んでしまう恐れもある
- 機器の寿命（約5年）後に、機器全体を入れ替える必要がある
- 固定資産としてバランスシートに載せる必要がある

　いかがでしょうか。結局、オンプレミスで機器を物理的に調達するのとほとんど変わりません。全体の規模が大きく、高価で、かつ、効率的に使うことが難しいこともわかります。IT担当部門にメリットがないのみならず、会社全体にとって重荷になってしまうリスクがあるのです。正直なところ、プライベートクラウドはクラウドではないと筆者は考えています。

図3　プライベートクラウドは会社の重荷になるリスクが大きい

● プライベートクラウドの存在意義

　なぜこのような概念があるのかというと、大きく2つの理由があると筆者は考えています。

超大企業のニーズ

　1つめは、超大企業特有のニーズです。ユーザ部門にコンピュータをフレキシブルに使わせたい一方で、データを外部に出すことが許されていない場合や、ネットワークを含めて超高速なレスポンスが必要な場合には、このようなしくみが役に立つことがあると考えられます。

　会社として大きな負担であることを覚悟のうえで、エンドユーザの利便性を確保しようという決意と予算があることが前提です。まさにIT担当部門のがんばりどころという感じですが、多くの企業にはあまり当てはまらないのではないか、というのが筆者の見立てです。

ハードウェアベンダのマーケティング戦略

　もう1つはハードウェアベンダ側の事情です。パブリッククラウドが台頭し始めたころ、彼らの多くがハードウェアが売れなくなるのではないかという危機感を抱いていました。そこでクラウドという言葉に便乗しつつ、「プライベートクラウド」こそが真に価値のあるソリューションであるかのように宣伝し始めました。こうすることで、ハードウェアのビジネスを維持できると考えたようです。

　今でも「パブリッククラウドはセキュリティ的に問題がある」「だからプライベートクラウドを使いましょう」「せめてハイブリッドクラウド（本章Section 01参照）にしましょう」などと主張するハードウェアベンダがいます。筆者はハードウェアビジネスを否定する気はありませんが、このような言説はパブリッククラウドに関して意図的に誤解を与えようとするものでもあり、非常に残念に思っています。

Section 04 インスタンスとは

IaaSで提供されるもっとも基本的なサービスの構成要素が「インスタンス」です。クラウド上の「サーバ」とほぼ同義ですが、その調達方法や使い勝手は従来（オンプレミス）の物理的なサーバとは大きく異なります。

●「インスタンス」はIaaS上のサーバ

本書はIaaSの活用を中心に説明しています。IaaSでは、「サーバを借りて使う」ことが一般的です。序章で「IT担当者の重要な仕事はサーバの管理」と説明しましたが、IaaS上のサーバを使いこなすことが、みなさんにとって重要な仕事になるでしょう。

IaaS上のサーバは、一般的に「インスタンス」と呼ばれます。現実の（物理的にさわれる）サーバとは異なり、クラウド上のサーバは仮想化された論理的な存在です。そして、それを「所有する」わけではなく、「借りて使う」ことになります。

どういうことなのか、少し整理してみましょう。まずは「使い始めるまでの手順」を見ていきます。

図4　クラウドを表すイメージでよく使われる「雲の上のサーバ」が、まさにインスタンス

●インスタンスを使い始めるまで

まず、Web上の管理画面やツールから「新しいインスタンスが欲しい」という要求（操作）をします。その際に、インスタンスのスペックやOSを選び、必要な台数も指定します。

- スペックの例：メモリ○○○バイト、仮想コア数○個、
  ストレージ○○○Gバイト
- OSの例　　　：CentOS

　数十秒〜数分程度で新しいインスタンスが確保されます。並行して、あなたがそのインスタンスにアクセスする方法（ホスト名、DNS名、IPアドレス、認証方法など）が決まるので、ネットワーク（インターネットや仮想閉域網などなど）経由でインスタンスにアクセスします。

　その時点で同インスタンスのOSの管理者権限があなたに与えられています。あとは、管理者として、そのインスタンスを自由にできます。たとえばそのインスタンスに科学技術計算や画像処理をさせてもよいでしょう。Apacheなどのソフトウェアをインストールして Webサーバとして使ったり、MySQLなどのDBMS[注2]をインストールしてデータベースサーバとして使うことも可能です[注3]。

● インスタンスの返却

　さて、これでインスタンスを「借りる」ことができました。ただ、あくまでも借りたのであって、インスタンスの所有権があなたに移ったわけではありません。インスタンスが不要になったときや、壊れてしまった場合には、すぐに返却することが可能です。

　返却時には、Web管理画面やツールからインスタンスを消す操作をします。ほぼ瞬時にインスタンスは消失して、利用できなくなります。インスタンスの利用料金は、1時間あたり数円（スペックが低い場合）から数百円（スペックが高い場合）といったところです。

　これが、クラウドにおける「インスタンスの調達と廃棄」の基本的な方法です（詳細は第4章で解説します）。物理的なサーバの場合と比べてみれば、ケタ違いにかんたんであることがわかります。クラウドベンダからインスタンスを「借りて使う」ことの最大のメリットといえるでしょう。

注2　DataBase Management Systemの略。データベース管理システムとも呼ばれます。データベースを構築し、管理するためのミドルウェアです。

注3　データベースが必要な場合、素のインスタンスにDBMSをインストールしてデータベース「サーバ」を作るのも1つの方法ですが、あらかじめ用意されたデータベース「サービス」を利用する方法もあります。第3章Section 07で紹介します。

● インスタンスが壊れても慌てない

インスタンスはあなたの所有物ではありませんので、壊れてしまったとしても気にする必要はありません。前述のように単に返却すればよいのです。必要なら、すぐに別のインスタンスを借りなおします。

この発想にはなかなか慣れない人も多いのが実情です。筆者も何度か「ウチで使っているインスタンスが壊れたみたいなんだけど、どうすればいい？」と相談を受けたことがあります。質問者はそのインスタンスがまるで自分の所有物であるかのように感じているようでしたので、「そのインスタンスは捨てて、別のを使ったら？」と答えたところ、怒られそうになったこともあります。どうやら使っていたインスタンスを急いで修理してほしかったらしいのですが、これはクラウドにおいては根本的に間違った考え方です。

オンデマンドで調達し、オンデマンドで廃棄する。自分のものであるかのような思い入れを持たない。これがインスタンスの正しい調達方法です。

誤解のないように補足しておきますが、一般的なクラウドでは、このような調達にあたって、事前の予約や前払い金などは必要ありません。

図5　インスタンスが壊れたら捨てればよい

● インスタンス提供サービスの名前と価格

主要なIaaSのインスタンス提供サービスと価格については表1を参照してください（価格の改定やサービスの追加・変更が頻繁にあるので、最新の情報を確認するようにしましょう）。

AWSでは「Amazon EC2」が有名です。Azureでは「Virtual Machines」（あるいは日本語で「仮想マシン」）と名付けられています。Google Cloud Platform（以下GCP）では「Compute Engine」と呼ばれます。SoftLayerでは

仮想化されたインスタンスだけではなく、物理サーバそのものを貸してくれるサービスもあります。

表1 主要なインスタンス提供サービスの価格

サービス名	価格掲載ページ
AWS（Amazon EC2）	https://aws.amazon.com/jp/ec2/pricing/
Azure（Virtual Machines）	https://azure.microsoft.com/ja-jp/pricing/details/virtual-machines/
GCP（Google Compute Engine）	https://cloud.google.com/compute/?hl=ja
SoftLayer（仮想サーバー）	http://www.softlayer.com/jp/virtual-servers#configure
SoftLayer（ベア・メタル・サーバー）	http://www.softlayer.com/jp/bare-metal-servers

Section 05 オブジェクトストレージとは

IaaSのもう1つの大きな構成要素に「オブジェクトストレージ」があります。オンプレミスで従来使用していたストレージとは大きく異なり、イメージをつかみにくいかもしれませんが、非常に使い出のあるおもしろいしくみです。

● 雲の中の記憶装置

インターネット空間上にぽっかりと浮いた「巨大なハードディスク」を想像してください。容量は「無限」です。利用者はそこに、テキストでも写真でも動画でも、好きなもの（オブジェクトと呼びます）を好きなだけ放り込むことができます。

読者の中には、Webサイトを自分で管理している人もいるでしょう。自分で作ったテキスト（HTMLファイル）や写真、動画、プログラムなどを、インターネット上の自分専用のスペースにFTPなどを使ってアップロードすることを思い浮かべてください。あれとほとんど同じイメージでデータを保存できるしくみが、多くのクラウドサービスで用意されています。それが「オブジェクトストレージ」です。「クラウドストレージ」と呼ぶ人もいます。

● 従来のストレージとの違い

オブジェクトストレージは、技術的にはRESTと呼ばれるWebの簡易なインターフェイスを使用し、データを操作します。操作といっても、「書き込む」「読み出す」「消す」といったかんたんなことしかできません。データの内部の一部分だけを更新するようなことはできず、その場合はそのデータ全体を再度送りなおす（書き込みしなおす）ことになります。この意味では、パソコンやサーバで使われている一般的なファイルシステムに基づく従来のストレージとは大きく異なります。なんだか扱いにくいように思えるかもしれませんが、別の言い方をすれば、OSやファイルシステムに依存することなくストレージにアクセスできるということです。また、保存されるデータは「ファイル」ではなく「オブジェクト」と呼ばれます。

置かれた（保存された）オブジェクトは、そのままインターネットに広く公開することも可能ですし、さまざまなアクセス制限を付けて特定の組織だけで利用することもできます。これらの機能はストレージ単体の機能で提供され、サーバ（OS）などによる制御が不要となっています。きめ細かいことはできませんが、安価で直感的に利用できます。オブジェクトにHTTP経由でアクセスできるようにして、擬似的に簡易なWebサーバの機能を実現するものもあります。

● 容量の制約がない

　オブジェクトストレージには容量の制約がありません。これも従来のストレージとは大きく異なる点です。従来のストレージの考え方では、サービスとしてストレージを利用する場合、最初に「使うデータ容量」を予約し、そのあとは予約容量に相当する利用料を支払います。予約した容量は実際にデータを保存したか否かにかかわらず自分の専用になるのですから、自然な発想のように思えます。また、予約した以上の容量を使うことはできません。

　クラウドのオブジェクトストレージのサービスでは、利用者は好きなだけデータ（オブジェクト）を保存することができます。事前の予約や申請も必要ありません。アカウントさえあれば、1個でも1,000個でも即座に保存することが可能です。1つのオブジェクトのサイズにも制限がありません[注4]。保存したすべてのオブジェクトのサイズの合計に応じた課金が月々発生しますが、この合計サイズにも上限はありません。主要なクラウドでは、数P（ペタ）バイトまで料金表を用意していますが、よく読むとそこが上限というわけではないようです。また、料金は1Gバイトあたり月額数円（！）といったところで、手軽に利用できます。

● 抜群の耐久性

　そんなに安いと「実はいいかげんなサービスなのでは？」という不安もあるかもしれませんが、なかなかどうして、これが結構な優れモノなのです。

　まず、このサービスは複数（3つくらいが主流）のデータセンタで成り立っています。1つのオブジェクトを預ければ、3つのデータセンタで同じデータ

注4　実は上限はありますが、実務上そこまで巨大なオブジェクトを扱うことは、ほぼないでしょう。たとえばAmazon S3では、1オブジェクトの上限は5Tバイトです。

を自動的に保持します。災害によってデータセンタが1つ壊滅しても、残りの2つがあるのでデータが失われることはありません。主要なクラウドベンダは、いずれもほぼ同様のサービスを提供しています。従来のストレージでは不可欠のファイルシステムが介在しませんので、オブジェクトを読み込み中に別の誰かが上書きした場合など、必ずしも整合性がとれない瞬間もあります（同期のタイムラグなどに起因します。少し待てば回復します）。とはいえ、そこまで厳密な管理・運用を必要とするデータは多くありません。オブジェクトストレージは構成がシンプルですので、安価に構築でき、かつ、冗長構成を組みやすいという特徴もあります。この利点を活かして、クラウドベンダ各社は複数のデータセンタを使い、高い耐久性を確保したサービスを提供しているわけです。

　そもそもデータセンタは、自然災害の影響を受けにくいつくりになっています。3つのデータセンタが同時に被害を受けるのは、かなりゼロに近い確率なのです。そのため、オブジェクトストレージのデータの耐久性（データを失わない確率）は、設計上99.9……9％と、9がいくつも並びます。たとえばAmazon S3では、9が11個並ぶ「イレブンナイン」の耐久性があるとされています。これは、仮に1万個のオブジェクトを保管したとして、そのうちの1つを障害で消失する確率が「1,000万年に1回」という計算になるようです。

　このような特性がありますので、オブジェクトストレージはバックアップ先として頼もしい存在です。実際に、オンプレミスのファイルサーバの最終的なバックアップ先として、クラウド上のオブジェクトストレージを活用する方法[注5]が普及しています。

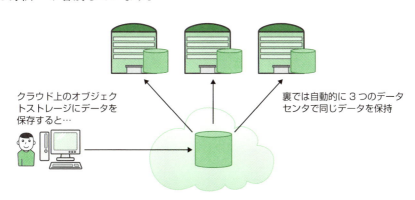

図6　データが自動的に多重化されて複数データセンタに分散配置される

注5　第11章 Section 01でそのような活用例を紹介します。

● 主要なクラウドサービスのオブジェクトストレージ

　AWSでは「Amazon S3（Simple Store Service）」、Azureでは「Azure BLOB（Binary Large Object）Storage」、GCPでは「Google Cloud Storage」と呼ばれるオブジェクトストレージサービスを提供しています。同じサービスの中で複数の価格体系を有するものもあります（耐久性を意図的に落として価格を安くしているようです）。

表2　主要なオブジェクトストレージサービス

サービス名	URL
Amazon S3	https://aws.amazon.com/jp/s3/
Azure BLOB Storage	https://msdn.microsoft.com/library/dd179376.aspx
Google Cloud Storage	https://cloud.google.com/storage/

Section 06 ネットワークの考え方

「クラウドならでは」というわけではありませんが、ネットワーク関連の基礎知識は、クラウドを理解するうえで必要不可欠となります。どのような考え方が必要なのか、把握しておきましょう。

● よくある勘違い

クラウド上にシステムやデータを置くと、「世界中に公開されてしまうのでは？」や、「誰でもログイン可能になってしまうのではないか？」などと危惧する人がいます。筆者も実際、完全にそう思い込んでいた人に何度もお目にかかりました。第1章で紹介したNISTによるクラウドの定義にも「自由なネットワークアクセス」とありますので、誤解を招きやすいようです。

本書の中でこれまでに何度か述べていますが、クラウドのネットワークは正しい権限を持っている利用者（管理者。多くの場合、IT担当者）が自由に設定できます。これが「自由」の意味です。権限を持っていない人（エンドユーザや赤の他人）は、ネットワークの設定には一切さわることができません。何の自由もないのです。管理者がネットワークを正しく設計し、希望どおりの設定を行えば、赤の他人を排除するだけではなく、社内の人のネットワーク経路も適切に制御することが可能です。

● 社内ネットワークとの接続

インターネット上にあるクラウドは、社内ネットワークと接続することも可能です。技術的に詳しいことには踏み込みませんが、インターネットVPN（第1章Section 03の注4参照）という技術を使います。

ネットワークに詳しい人なら、当然知っている技術です。新人IT担当者には少し難易度が高く感じられるかもしれませんが、図7のようなかんたんな接続であれば、調べながらなんとか実現できる可能性があります（筆者は実際に、そのようなお客さまを見てきました）。

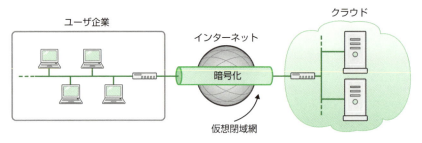

図7　インターネットVPNでクラウドと接続

　難易度が高いといっても、オンプレミスでこれを実現する場合に比べれば学習コストは圧倒的に低いのです。先輩たちが苦労して実現したことを、クラウドであれば新人IT担当者のあなたがあっさり実現できてしまうかもしれません。興味のある人は挑戦してみるとよいでしょう。

　前出の図では、会社とクラウドの間をVPNで接続しています。途中にインターネットが入っていますが、インターネット上の情報は暗号化されており、外部の人が傍受しても通信内容を読み取ることはできません。また、クラウド側の機器（仮想ルータ）と会社側の機器（物理的なルータ）は、お互い以外とは会話をしない（外部からの接続を許さない）設定になっています。インターネット経由ではありますが、セキュリティレベルが高く、情報漏えいのリスクを抑えた接続方法です。

● 専用ネットワークによる接続

　インターネットVPNは便利で安価な接続方法ですが、インターネットを介していますので、通信速度が安定しないという側面があります。みなさんも経験があると思いますが、たとえば一般家庭でのインターネット接続は、通信速度について「ベストエフォート」とされています。ある程度の速度はISP（プロバイダ）側で「努力目標」として掲げていますが、最低限の速度を確約するものではありません。

　一方で、企業システムでクラウドを使う場合、「ベストエフォート」では難しい局面がしばしばあります。大量のユーザが同時に接続する場合（月曜の朝イチなど）や、大きめのデータをクラウド〜オンプレミス間で連携する場合などです。

　この問題を解決するために、多くのクラウドでは「専用ネットワークによ

る接続」(専用線接続や閉域網接続)を用意しています。「専用」といっても、物理的なケーブルをあなたの会社とクラウドの間に敷設しなおすわけではありません。一般的には拠点間のWANをクラウドに延長する方法が採られています。WANを提供している通信事業者(キャリアといいます)がこのようなサービスを行っている場合もあります(図8参照)。

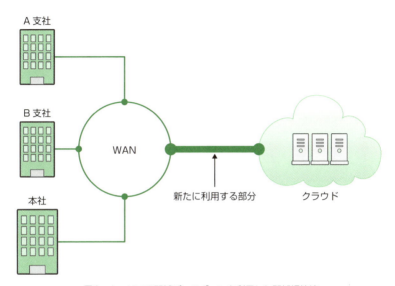

図8　キャリアの閉域バックボーンを利用した閉域網接続

　あなたの会社のWANサービスを提供しているキャリアが上記のようなサービスを持っていなかったとしても、データセンタを介することで似たようなサービスを実現できる場合があります。データセンタによっては、あらかじめ複数のクラウドと太い(十分な帯域の)接続を確保しているので、そこを中継地点とするわけです(図9参照)。

　自社のWANやインターネット接続とはまったく別に、フレッツ光などを使って単独で閉域網接続をするサービスもあります。安価に利用できるので、会社全体ではなく、特定の部署だけでクラウドに広帯域で接続したい場合に向いています。通信速度はベストエフォートですが、通常の光接続なら十分に業務利用に耐え得ると判断できる場合には有効です(図10参照)。

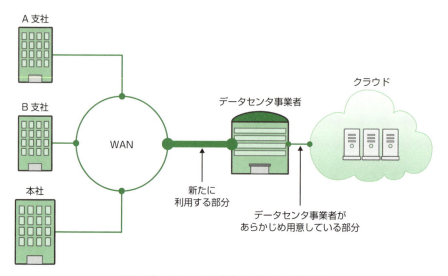

図9　データセンタを中継地点に使った閉域網接続

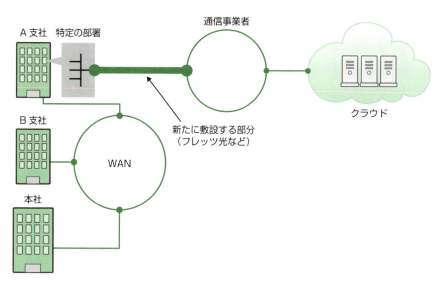

図10　アクセス回線に安価なFTTHなどを使うサービスなら部署単独の利用も可能

Section 07 データベースサービスとは

オンプレミスのさまざまなサーバ管理業務の中でも、もっとも難易度が高いといわれているのが「データベースサーバ」の管理です。クラウド上のデータベースの場合はどうなるのか、気になるところを見ていきましょう。

● 複合的な専門知識が必要なDBサーバ管理

　データベースサーバ（DBサーバ）は、業務システムの中核となる極めて重要なサーバであり、貴重なデータはすべてそこに蓄積されます。ほかのサーバに比べ、用意するのも維持管理するのも難しいという特性があります。そのため、「DBサーバ管理者」というと、一種の「称号」のようなイメージすらあります。サーバとデータベースの両方に深い専門知識を持ち、それを業務に活かしているスゴイ人という印象ですね。

　オンプレミスでDBサーバを用意するとなると、非常に面倒で大変な作業が待ち構えています。慎重にキャパシティプランニング[注6]を行い、機種選定して容量を計算し、ミドルウェア（データベース管理ソフト）をインストールし、細部の設定に気を配り……と、詳しい人でも1ヵ月かかることも珍しくありません。一度セットアップが完了すると、そのあとで変更するのは極めて難しくなります。「やっぱり2台構成で冗長化しておこうか」「ハードディスク容量足りないかも」などと、あとからつぶやこうものなら大目玉です。下手をすると、「最初からやりなおし」になってしまいます。

　「お金」も無視できない大きな要素です。性能をよくしようと思えば、ハードウェアもミドルウェアも高額なものになります。そして、年間保守費も支払わなければなりません。もしかしたら、システムの中では一番の「金食い虫」ではないでしょうか。

　このように、DBサーバ管理は多くの時間とお金がかかるうえに、あと戻りの難しい作業です。責任を持ってそれを遂行しているからこそ、DBサーバ管理者は尊敬される技術者なのです。

注6　必要なリソースの量や性能を見積もる作業のことです。「キャパプラ」と略したりします。

図11 「DBサーバ管理者」は特別な称号(?)

● クラウド時代のDBサーバ

　主要なクラウドは、データベースを「サービス」として用意しています。AWSでは「Amazon RDS (Relational Database Service)」、Azureでは「SQL Database」、GCPでは「Google Cloud SQL」というサービス名で提供されています。

　前出の「インスタンス」と同じ要領で、必要な情報を管理画面で入力すると数分程度でデータベース（DBインスタンスと呼ばれます）が使えるようになります。作ってみて、気に入らなかったら即座に捨てればよいというのも、インスタンスと同じです。費用は素のインスタンスの利用料よりもやや高めといったところです。

　冗長構成の有無、ディスクの容量、暗号化の有無など、主要な設定はWeb管理画面からポチポチと選んでいけばよいのでかんたんです。従来であれば専門家が時間をかけて慎重に行っていたような設定作業も、クラウドならあっという間に終わってしまいます。

　楽になったのは設定だけではありません。メンテナンス（パッチ当て）の有無や間隔、バックアップの間隔、世代管理についても、管理画面で選ぶだけです。パッチファイルやバックアップを置く場所を気にする必要もありません。見えないところで自動化されていますので、利用者が考える必要がないのです。

● DBサーバをクルマにたとえると?

　クラウド以前のDBサーバをクルマにたとえるならば、クルマ好きの人がスポーツカーを所有するのと似た感覚だと思います。エンジンやタイヤ、その他の部品も吟味し、駐車場もよい場所を確保します。メンテナンスにも手をかけて、自分でボンネットを開けて中をいじったりします。「運転して移動する」という本来の目的以外に、さまざまな知識が必要です。もちろんお金もかかります。

　クラウドのデータベースサービス（DBサービス）は、レンタカーを借りるイメージに近いかもしれません。かんたんな手続きでクルマが目の前に現れ、利用できるようになります。部品は標準的なものが備わっています。置き場所を気にする必要もありません。必要な知識は「運転」だけです。基本的なメンテナンスは、レンタカー屋さんの仕事です。

　筆者はDB管理者ではありませんし、オンプレミスでDBサーバを立てたこともありません。ただ、専門家に立ててもらったDBサーバを使ったことはありますので、DBサーバの「運転」方法はある程度わかっています。この程度の限られた知識でも、クラウドであれば自分専用のDBサービスを起動することがかんたんにできてしまいます。筆者の場合、ちょっと検証したいことがあったのでクラウドの利用を思い立ち、自分のアカウントで使い始めました。立ち上げるのに要した時間は10分ほど。結局、3日ほど使って、費用は1,000円くらいだったと記憶しています。

　そのときは、「こりゃ、DBサーバ管理者は失業するかも……」と思ったものです。本Sectionの冒頭で述べたように、DBサーバ管理者は特別な「称号」だったのですが、この落差には驚くほかありません。

● サーバとサービスの違い

　ここで1点注意したいことがあります。クラウド上で提供されているのはデータベースの「サービス」です。データベース「サーバ」ではありません。このしくみでは、「サービスを使う」ことはできますが、「サーバを使う」ことはできません。クルマのたとえでいえば、「運転する」ことはできますが、「ボンネットを開けて中をいじる」ことはできないのです。

　経験豊富な「DBサーバ管理者」からすれば、これでは不便で「使いにくい」「使えない」ということになるかもしれません。自分の持つ知識を発揮して高

度な管理ができないからです。しかし、「高度な管理ができない」のは、「高度な管理が必要ない」からでもあります。これを「不便」と考えるか、「楽ができる」と考えるかということです。筆者がDBサービスを利用した際の感想は、完全に後者でした。

　筆者の周囲でも、当初はクラウドのDBサービスに否定的な技術者が何人かいました。彼らはデータベースの専門家なので、筆者も「専門家が否定しているのだから、あまり便利なサービスではないのだろう」と思っていました。彼らの多くは、オンプレミスの時代と同様に、素のインスタンス（サーバ）に自分でDBMSをインストールし、自分の好みの設定で使いたがっていました。ところが何ヵ月かたつと、その技術者たちがクラウドのDBサービスをあたりまえのように使っていたのです。驚いて彼らに理由を聞いてみると、「やっぱり楽だから」といわれたのをよく覚えています。

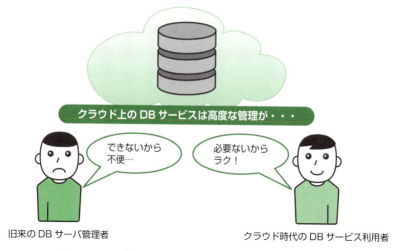

図12　DBサービスは高度な管理が「できない」のではなく「必要ない」

Section 08 アベイラビリティゾーンとは

クラウドには、「アベイラビリティゾーン（AZ）」という概念があります。「仮想的なデータセンタ」などといわれていますが、そもそもその呼び方自体、わかりにくいかもしれません。実際にどのようなものなのか、説明します。

● データセンタも仮想化されている

　クラウドの定義やインスタンスに関する解説の中で、クラウドではリソースが仮想化されているという説明をしました。自分が利用しているモノが「物理的にどれなのか？」を考えることはできません。それにはあまり意味がなく、むしろ「できないほうがメリットは大きい」という話でした。

　実は、これはデータセンタにも当てはまります。クラウドのデータセンタは、それ自体が仮想化された論理的な存在なのです。そのような仮想データセンタを「アベイラビリティゾーン（AZ）」と呼びます。

　たとえばAWSでは、東京リージョン（次のSection 09参照）に、2つのAZがあります。1つのAZが物理的なデータセンタ1つに対応しているかというと、必ずしもそうではないようです。AWSのアメリカの東海岸にはAZが5つあります。そして、物理的なデータセンタは11個あることが公表されています。2～3つの物理的なデータセンタをネットワークでつなげ、1つのAZを構成し（図13参照）、これを5セット用意しているのだろうと予想できます。

● AZのメリット

　AZは仮想的なデータセンタですが、異なるAZを指定すれば、物理的にも別のデータセンタを利用できます。1つのデータセンタが利用不能になっても、他のデータセンタは生きていますので、データセンタレベルでの冗長性がかんたんに確保できます。これは非常に強力なメリットです。

　クラウド以前の時代に、オンプレミスでこのような状態を自力で作り出すのは非常に難しいことでした。2つのデータセンタと契約を交わし、それぞれに1台ずつ、計2台の（まったく同じ状態の）サーバを置くだけでもかなり

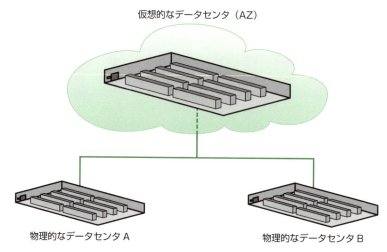

図13　複数の物理的なデータセンタから1つの仮想的なデータセンタ(AZ)を構成

面倒なのに、それぞれの間に自社専用の通信回線を用意する必要があります。技術的難易度も高く、コスト面でも非常に負荷が大きくなります。

クラウドでは、複数のAZを利用しても追加料金はほとんどありません。AZをまたぐデータ転送に月間1Gバイトあたり数セントが課金される程度です。

● 物理的なデータセンタとの違い

仮想的なデータセンタということもあり、私たち利用者は、AZ（仮想データセンタ）を見に行くことはできません。1つのAZが複数の（物理的な）データセンタで構成されている可能性もあるので、「自分のインスタンスは○○というAZにある」とわかっていても、そこから先は仮想化という「雲の中」にあります。

自分のインスタンスが見えないだけではありません。そのインスタンスが入っている箱（データセンタ）も「見えない」ということになります。

「こちらは利用者なのだから、場所をすべて教えてほしい」という人もいます。「データセンタの中に入って運用が適切かどうか目で確認するのはあたりまえ」という人も多いです。しかし、「クラウド」と「データセンタ」は似て非なるもので、根本的に違います。後述するセキュリティ上の理由もあり、データセンタの場所は秘中の秘となっています。クラウドベンダの社員でも、大

半の人は場所を知らないようです。

　どこにあるのかまったくわからないサーバを使うのは、なんだか不安だという意見もあるのですが、実は「知っている人はほとんどいない」状態のほうが、セキュリティ的には安全なのです。

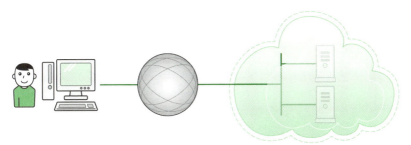

目に見えないデータセンタの
目に見えないサーバを使う

図14　目には見えないデータセンタ

Section 09 リージョンとは

クラウドでは、「リージョン」という言葉もよく使われます。国や地域レベルの独立した区画のことです。1つのリージョンの配下には、複数のアベイラビリティゾーン（AZ。Section 08参照）が存在します。

● 世界中にあるクラウド

　第1章で、Googleのクラウドが「世界中を広く薄く覆っている」という話をしました。Googleに限らず、主要なクラウドベンダはいずれも世界中でサービスを展開しています。

　「クラウドベンダはアメリカの会社だから、全部アメリカにあるんでしょう？」と聞かれることもあるのですが、これは誤った認識です。第9章で紹介するIaaS系クラウドサービスの世界展開の状況は次のとおりです。

表3　主要クラウドサービスの国別進出状況（サービス拠点のみ）

AWS	Azure	GCP	SoftLayer
アメリカ	アメリカ	アメリカ	アメリカ
カナダ	カナダ		カナダ
ブラジル			ブラジル
			メキシコ
アイルランド	アイルランド	ヨーロッパ	フランス
ドイツ	ドイツ		ドイツ
イギリス	イギリス		オランダ
	オランダ		イタリア

次ページに続く

AWS	Azure	GCP	SoftLayer
日本	日本	アジア	日本
シンガポール	シンガポール		シンガポール
韓国	香港		インド
インド	インド		
中国	中国		
オーストラリア	オーストラリア		オーストラリア

　「リージョン」とは、これらの国や地域レベルの独立した区画のことです。1つの国に複数のリージョンが存在する場合もあります。利用者はこれらの拠点をいくつでも使うことができます。とくに追加の費用を払う必要はありません（本当です）。

　あるリージョンに立てたインスタンスやその上のデータは、ユーザ自身が指定しない限り、ほかのリージョンに移動したり、コピーされたりすることはありません。これらの管理はユーザに任されており、クラウドベンダが勝手に移動させることはありません。

● なぜリージョンがあるのか？

　それにしても、なぜ、こんなに多数のリージョンがあるのでしょう。インターネットで世界はつながっているのですから、サービス拠点は1ヵ所でもよいのではないかと思いますよね。

　それにもかかわらず、クラウドベンダは、わざわざ国境を越えて大規模なデータセンタをいくつも確保しています。それぞれに高いセキュリティ基準を設けつつ、恐ろしい量のコンピュータリソースを並べているものと思われます。いずれも莫大な投資が必要ですが、それを利用者に安価に使わせてくれるわけです。……と考えると、なんだか不思議な気がします。

　実は、「インターネットで世界はつながっている」といっても、「世界中が平等につながっている」わけではありません。物理的に近いところ同士は高速に安定してつながりやすい性質がありますが、距離が遠くなると（たとえば地球の反対側だと）、通信が始まるまでに時間がかかったり、通信そのもの

の速度が低下したりします。つまり、「インターネットを使って世界中に均質なサービスを届けたい」と思ったら、世界のあちこちにサービス拠点を分散して用意することが望ましいのです。

　Amazonも、Microsoftも、Googleも、オンラインショップや検索サービス、メールサービスなどのユーザを世界中に抱えています。彼らにしてみれば、地球上の各大陸にデータセンタを構えることは自然なことなのです。私たち「クラウド利用者」は、単にそれに相乗りさせてもらえばよいわけです。

● クラウドベンダごとに呼び方は異なる

　「リージョン」や本章Section 08で紹介した「AZ」は、基本的にAWSの用語です。AWSでは、国や地域レベルの区画であるリージョンの配下に複数のAZを持ちます。

　AWSのライバルであるAzureでは、上位の区画を「ジオ（Geo）」、その配下にある区画を「リージョン」と呼んでいるようです。

　主要クラウドサービスの区画を表す用語を次の表にまとめておきます。

表4　主要クラウドサービスの区画を表す用語

	上位	下位
AWS	リージョン	アベイラビリティゾーン
Azure	ジオ	リージョン
GCP	リージョン	ゾーン
SoftLayer	センター（単一のデータセンタ）	POD（データセンタ内の別区画）

コラム その他の用語

本章で紹介したサービスや用語は、クラウド（おもにAWS）のごく基本的なものばかりです。ほかにもさまざまな機能や概念、用語があります。商用利用で重要なものをいくつかピックアップしてかんたんに紹介します。

インスタンス監視

インスタンスの負荷状態や死活状態を監視し、異常があればメールなどで知らせてくれるサービスです。

AWSでは「AWS CloudWatch」、Azureでは「Azure Diagnostics」、SoftLayerでは「Advanced Monitoring」という名前で提供されています。

仮想プライベートネットワーク（VPN）

クラウドベンダによるVPNサービスです。クラウドの自分の環境の中を、さらにネットワーク的に複数の区画に区切る機能を提供します。各インスタンスのアクセス制御やセキュリティの確保を容易にしてくれます（同様のことはオンプレミスでも行います）。

AWSでは「Amazon Virtual Private Cloud（VPC）」、Azureでは「Azure Virtual Network（VNet）」という名前で提供されています。SoftLayerではセンター（国境）を越えてプライベートネットワークを構築できるという特徴があります。

ネットワークの構築・管理は、IT担当者の業務の中でもかなりの上級編ですが、オンプレミスよりもクラウドで実現するほうが格段にかんたんです。先輩をよい意味で驚かすためにも、挑戦してみてはいかがでしょうか。

ロードバランサ

業務システムにアクセスが集中しそうな場合に、処理をスムーズにするために設置します。これもオンプレミスで使いこなすのは難易度が高いアイテムであり、機器自体も高額です。

クラウドでは（機能は限られていますが）基本的なロードバランサが用意されています。基本的な設定は、Web管理画面から数分程度の操作で完了します。費用も、オンプレミスの機器の価格に比べれば無視できるレベルの低価格です。

AWSでは「Elastic Load Balancing（ELB）」、Azureでは「Azure Load Balancer」という名前で提供されています。

環境構築自動化ツール

　クラウド上のさまざまな機能のセッティングを自動化できる、非常に「クラウドらしい」ツールです。

　膨大な項目をコツコツと1つずつ手作業で設定していくのは忍耐のいる作業ですし、間違いも発生しやすくなります。そこで、その作業をかんたんなプログラム（スクリプト）にして、このツールに読ませると、指定どおりの環境が短時間で組み上がります。スクリプトは再利用できますので、環境を全部破棄してからやりなおしたり、似たような環境を複数作ったりする際に便利です。

　AWSでは「AWS CloudFormation」、Azureでは「Azure Resource Manager (ARM) Templates」「Azure Automation」などのツールが提供されています。

　クラウドは、日々さまざまな機能が改善されたり、新サービスが発表されたりしています。一読しただけではすぐには理解できないものも多いと思いますが、最初からすべてを深く理解しようとする必要はまったくありません。とくに「業務システムで使う」と限定すれば、実際に利用する機能は限られています。

　たとえば、インターネットで大量の情報発信を安定的に行うために便利な機能がありますが、業務システムにはほとんど必要ありません。また、データベースサービスの一種で超高速アクセスが可能な「NoSQL」というものがあり、ビッグデータの処理などに適しているといわれますが、一般的な業務システムで使う機会はほとんどないでしょう。

　クラウドに接すると、「新しい概念」や「新しい用語」が続々と押し寄せてきます。しかし、恐れる必要はありません。紹介記事やレビューなどを、なんとなく斜め読みしておけばよいのです。ただ、「これはすぐには使わないな」という機能でも、将来にわたって絶対に使わないとはいい切れません。技術者として、好奇心のアンテナは常に張っておきましょう。

第4章

クラウド時代の サーバ調達と管理

第3章まで、IaaSを中心としたクラウドの基本的な知識や特徴を紹介してきました。以降は、より実践的な話となります。まず本章では、IT担当者がIaaSをどのように仕事に活かすことができるのか、クラウド以前の姿と比較しながら見ていきましょう。

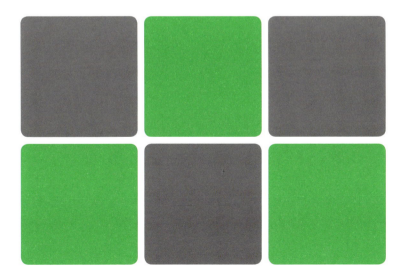

Section 01 サーバの調達

IT担当者の主要業務である「業務システムのサーバ管理」について、クラウドを活用した仕事の進め方を、クラウド以前(オンプレミス)と比較しながら解説します。最初はサーバの買い方(調達方法)です。

● サーバのスペック決め

オンプレミスの場合

サーバの調達は「スペック決め」から始まります。これは、けっこうな難所です。アプリケーションによって推奨スペックがある程度決まっていますが、本当にそのとおりのサーバを用意すればサクサク動くのか、事前に実機で確認できる機会もほとんどありません。

また、一度サーバを購入したら数年(5年程度)は使い続ける必要があります。その間はどれだけデータが増えても大丈夫なように、CPU性能、メモリ、ハードディスク容量に余力のあるサーバを選定しなければなりません。スペックは過剰でもいけませんし(値段が高くなります)、あまり低いと5年もたたずに使い物にならなくなってしまうかもしれません。

クラウドの場合

クラウドのサーバ(インスタンス)の選定には、あまり時間をかける必要はありません。「当面(半年～1年程度)は、これで動きそうだ」という程度の判断でOKです。不安があるならば、半日～数日間程度、手頃なインスタンスを借りて使ってみて動作確認をすることもできます。オンプレミスでは考えにくい、クラウドならではの方法論です。

実際に使い始めてから数年後に性能が不足してきた場合も、タイミングを見計らってより高性能なものに切り替えることが可能です(もちろん、性能の低いものに替えることもできます)。半年～1年ごとなど、定期的にスペックを見なおす運用を考えればよいのです。

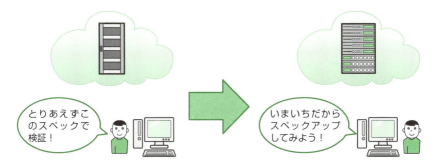

図1　クラウドではサーバの事前検証が手軽にできる

● サーバの調達

オンプレミスの場合

スペックが決まったら、メーカに注文です。基本的には受注生産に近い形ですので、納品まで数週間かかります。性能が高いものは1〜2ヵ月かかることも珍しくありません。

クラウドの場合

クラウド上のサーバは、数分〜十数分で使えるようになります。ここは拍子抜けするくらいかんたんな作業です。

● サーバのセットアップ

オンプレミスの場合

サーバは高額な商品です。その一方で壊れやすい機械でもあります。まずは丈夫な箱（ラック）に格納し、ガッチリと固定します。電源やネットワークをつなぎこんだら、しっかり動作確認します。

一通りの確認作業が終わったら、OSの設定やミドルウェアのインストールなどを行います。インストール完了後は、やはり動作確認です。計画的に進めても1〜2週間はかかる作業です。

クラウドの場合

この部分は、クラウドではほとんど必要がありません。希望どおりのOSやミドルウェアが入っているかどうか確認したり、足りないツールを追加インストールしたりするくらいでしょう。

● 調達のリスク

オンプレミスの場合

事前の検証が難しいことと、一度購入したら5年程度は使わなければならないというのは大きなリスクです。リスクを減らすために、検討に時間をかけます。それでもリスクはゼロにはなりません。

クラウドの場合

スペック決めの項で説明したように、事前検証は超お手軽です。性能の異なるサーバへの乗り換えもかんたんです[注1]。調達のリスクはほとんどありません。

● 調達にかかる時間

オンプレミスの場合

必要なサーバのスペックが決まってから実際にサーバが動き出すまでの時間を考えます。オンプレミスでは、いろいろな段階を経て2ヵ月〜といったところです。

クラウドの場合

クラウドでは十数分です。動作確認に時間をかけても、半日もあれば十分でしょう。

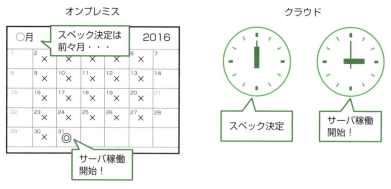

図2　クラウドはサーバ調達時間が驚異的に短縮される

注1　発表されたばかりの高性能なインスタンスは、人気が集中して一時的に入手が困難になる場合もあります。新しいものに飛びつく際には、本番環境でも安定して使えるかどうかを、一応、慎重に見極めましょう。

● サーバの更改

オンプレミスの場合

　リース期間が終了したサーバは返却の手続きをして、新しいサーバに取り替えなければなりません。これを「更改」といいます。現実的にはサーバの調達と同じだけの時間がかかります。

　また、業務に影響のないように新旧サーバの入れ替えを行わなければなりません。夜間作業やデータ移行など、考えなければならないことが多々あり、計画段階から慎重な検討と作業遂行が求められます。

クラウドの場合

　クラウドでは「更改」について、基本的に考える必要はありません。

Section 02 サーバの管理

> サーバが無事に動き出したからといって、放っておいてよいわけではありません。壊れやすい機械ですので、正常に動いていることを定期的に確認する必要があります。障害（故障）を見つけたら、もちろんその対応も必要です。

● バックアップ対策

オンプレミスの場合

　バックアップを取得するための装置を準備します。設定やプログラミング、あるいはオペレータの作業によって、バックアップを取得します。災害発生などのリスクを考えると、バックアップメディア（テープやDVDなど）をサーバと同じ場所に保管するのは好ましくありません。そのため、毎晩、宅配便などで遠隔地に輸送している企業もあります。

　また、万が一の際にバックアップからデータを戻せる（リストアできる）ように、定期的に予行演習しておくことが望まれます。しかし、これがなかな大変な作業で、きちんと実施している企業（IT担当者）はそう多くはないようです。

クラウドの場合

　一般的なクラウドでは、画面からの指示ないしは単純なコマンドで、サーバなどのバックアップを取得できます。バックアップの「戻し」（リストア）も同様のオペレーションで実行可能です。

　取得されたバックアップは、オブジェクトストレージ（第3章Section 05参照）で安全に保存されますので、災害などによる消失を心配する必要はありません。リストアの予行演習も、低コスト・短時間で何度も行うことができます。

● サーバの死活監視

　サーバは「突然死」することがあります。また、サーバ自体は生きていても、

その上のミドルウェアやアプリケーション（サービス）が不調になることもあります。このような異常がないかどうか定期的に確認し、異常があればIT担当者に知らせるしくみを準備します。

オンプレミスの場合

　サーバを外側から監視する「監視サーバ」を準備するのが一般的です。監視される側と監視する側、両方のサーバに専用ソフトをインストールします。監視サーバ自体も突然死することがありますので、2台用意して相互に監視する構成を組むケースも多いです。

　監視サーバが異常を検知したら、IT担当者に自動的にメールで通知するしくみなどを組み込みます。

クラウドの場合

　主要なクラウドでは、基本的な死活監視のしくみは無償で準備されています。Webの管理画面からいくつか設定を行うだけで、異常発生時のメール通知などを行わせることが可能です。

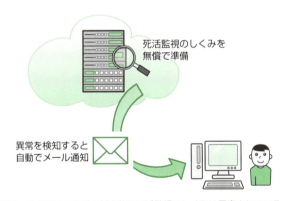

図3　多くのクラウドで基本的な死活監視のしくみは用意されている

● 障害対応の初動

オンプレミスの場合

　異常発生のメールを受け取ったら、真っ先に対応するのがIT担当者の役目です。急いで復旧するために、まずはサーバの再起動などを試みるのが定石でしょう。この手順を自動化することも不可能ではありませんが、いろいろ

なしくみを追加する必要がありますし、それをテストするのにもそれなりの手間がかかります。

クラウドの場合

序章Section 03で、クラウドには「プログラミング可能な情報インフラ」という側面があることを紹介しました。障害対応にもその特性を活かすのが効果的です。たとえば、異常を検知したあとのかんたんな作業（再起動など）はプログラムで用意して自動化することもできます。

● サーバの取り替え

サーバを再起動しても復旧せず、障害の度合いが深刻なケースもあります。最悪の場合、そのサーバをあきらめて別のサーバを手配します。

オンプレミスの場合

IT担当者の手に負えないとなると、ベンダのエンジニアを呼ぶ必要があります。高額な保守契約を結んでいれば、深夜でも数時間程度で保守部品を持ってきてくれるでしょう。

ただし、部品交換で復旧しない場合には、機器を丸ごと入れ換えなければなりません。その間、サーバが稼働していないと業務が止まってしまいますので、重要な業務システムでは予備機を準備しておくのが一般的です。

ただ、それを本番用に仕立てなおすには、バックアップからデータをリストアする作業なども必要です。事前に十分演習していなければ、不慣れな作業で時間がかかり、徹夜仕事になることも珍しくありません。また、予備機を準備しておくということは、そもそもサーバの調達費用が2倍近くかかるということになります。

クラウドの場合

機器の不調はクラウドでも起こり得ることです。さっさと割り切って、復旧作業を進めましょう。不調なサーバを削除し、Web管理画面の指示に従ってバックアップから新しいサーバを起こします。データ用のストレージやネットワークの設定を調整すれば、前のサーバとまったく同じ振る舞いをするようになります。

いちいち画面をクリックせずに、コマンドで操作することも可能です。よく似た環境を別に作っておけば予行演習もできます。また、この手順であれば、サーバ（インスタンス）利用料が2倍になることもありません。

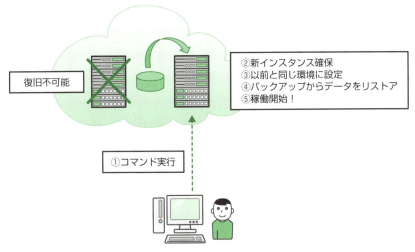

図4　深刻な障害発生時も新しいサーバ環境で迅速に復旧

● 夜間や休日の対応

機器の入れ替えやソフトウェアの更新などの作業は、業務システムが使われていない夜間や休日に行うのが一般的です。

オンプレミスの場合

サーバ類が設置してある場所まで出向いて作業します。大がかりな作業は泊まり込みで行うこともしばしばです。このような観点から、データセンタを使い始める前には、近くに宿泊施設やコンビニがあるかどうかをチェックする企業もあるようです。

クラウドの場合

物理的なサーバ設置場所に出向くことはできませんし、その必要もありません。すべてネットワーク経由で画面越しに作業します。適切なセキュリティさえ確保できれば、自宅からでも作業できます。複数の担当者で、電話やチャットで確認しあいながら作業をすることが多いようです。

また、クラウドはそれほどコストをかけず一時的にサーバを追加することができるので、新しい環境をあらかじめ用意しておき、昼休み中などに数分で古い本番環境と切り替える（そして古い環境は捨てる）というやり方も可能です。

第5章

クラウドを巡るお金の話

クラウドと皆さんの仕事との関係が徐々にわかってきました。そろそろ実際に、クラウドにさわってみたいところでしょう。しかし、その前に会社の中で少々「地ならし」をしておく必要があります。技術的な話ではないのですが、これもまたIT担当者の重要な仕事です。

Section 01 クレジットカード払いの壁

クラウドの利用料はクレジットカードで支払うのが基本です。これがネックとなり、「業務で使いたいのに、会社のお許しが出ない」という声もよく耳にします。会社の中でスムーズにクラウドを使い始めるコツを紹介します。

● クレジットカードは必須

クラウドの利用にはクレジットカードが必須です。無料枠[注1]の範囲で使う予定だったとしても、事前にクレジットカードの情報を登録しなければなりません。

ところで、一般的に日本の商習慣では、企業がモノを買うときにクレジットカードを利用することはあまりありません。最近はカード会社が法人向けカードを用意したりはしているのですが、経費処理の制度やルールになじまない企業が多いようで、まだそれほど普及していません。

● 最初は個人で登録する

そのため、いずれは会社の業務に使う前提でも「勉強や検証を兼ねたお試し利用」の段階なら、まずは個人のクレジットカードを登録することが多いようです。筆者の周囲のみなさんも、ほぼそうされています（ほかによい方法がないという事情もありますが……）。

その場合、アカウントは会社のものではなく、あなた個人のものとするとよいでしょう。会社用には、一通り勉強が終わったあとで、もう1つ別のアカウントを開設すればよいのです。そうすれば、新たな無料枠が利用できるというメリットもあります。個人と会社のアカウントを分けることで、個人用の環境でどんな実験をしても会社の環境には影響を与えずに済むというのも利点です。

注1　多くのクラウドでは、無料で利用できる期間やリソース量を設定しています。AWSの無料枠の利用について第7章 Section 01で解説します。

図1 最初は個人のクレジットカードでの登録がスムーズ

● 自腹で利用する意義

　自分専用のアカウントで、自分のクレジットカードを登録しているのですから、そこでの利用料は「自腹」ということになってしまいます。しかし筆者は、自腹は必ずしも悪いことではないと考えています。次のような効果があるからです。

- **課金を意識するようになる**
  無料枠とそうでないサービスを意識せざるを得なくなる
- **学習に貪欲になる**
  自腹で技術書を買ったり、有料のセミナを受講したりするのと同じように、その分本気で勉強するようになる

　筆者は複数のクラウドに自腹の環境を持っていますが、支払い額は月額数円から百数十円です。たまにじっくり使うと3,000円を超えることもありますが、それなりの知見が得られますので、気にしないことにしています。そこそこ高価な本を一冊買ったか、飲み会に一度参加したくらいの費用です。自分への投資と考えましょう！

　——とはいえ、自腹にも限度があります。次のSection 02では、利用料を会社に負担してもらう方法を考えます。

Section 02 経理のルールを変える

あなたの会社の経理のルールは、まだまだクラウド時代に追いついていないかもしれません。新しいものをどう取り込んでいくか、関連部門と一緒になって考えることが大切です。

● 会社に事後精算してもらう

　個人のクラウド利用であっても、会社の業務と密接に関わる勉強（検証）をするようになれば、自腹で負担するのは適切ではありません。うっかり利用料が増大すれば、個人では負担できない金額になってしまいます。そのような場合に備えて、クレジットカード払いの立て替え払い事後精算が認められるよう、あらかじめ社内に根回しをしておくことをおすすめします。

　たとえば、接待費や書籍の購入、出張旅費などは、社員がいったん立て替え払いをすることが多いと思います。かかった費用を領収書などで証明し、会社の承認が得られれば、あとでその社員にお金が返ってくるしくみです。これをクラウド利用でも使おうというわけです。領収書の代わりにクレジットカードの利用明細書のコピーを使い、利用明細のプライベートな部分は黒く塗りつぶして提出します。

　ただし、いきなりやると経理や総務部門から「こんなもの処理できない」と拒否されてしまうかもしれません。事前によく話し合っておくことが大切です。その際に経理部門などから出てくる典型的な反応は、次のとおりです。

> まず、どの費目／勘定科目で払えばよいのか？

　クラウド利用という費目がないんですよね……。レンタル系の費用になることが多いようですが、それでも油断はできません。「レンタル」を強調すると、経理部門などから次のような指摘が飛んできます。

> レンタルサーバ費用なら、事前に見積書をもらって請求書払いにすべし！

レンタルサーバは月額固定費用となることが多いので、見積取得も請求書払いも可能です。主要なクラウドは従量課金なので、こうはなりません。また、請求書払いは、費用を支払う側も受け取る側もコストがかかり、効率が悪いようです。これらを説明して理解を得ましょう。

　立て替え払いが制度的に存在したとしても、本来は接待費や書籍購入のためにある制度です、「趣旨になじまない」という指摘はあるでしょう。たとえば次のようにいわれる可能性はあります。

> **そもそも会社の基盤のような大事なものに、一社員が立て替え払いをするとは何事だ！**

　なかなかごもっともな指摘です。これは逆手にとって、なるべく早く会社用のクレジットカードの手配を依頼しましょう。

　さて、費用の処理が解決しても、次の難問が待っています。形式的にはクラウド事業者が、あなたの会社から見て「取引先」（場合によっては仕入先）となります。そのため、たとえば調達部門から次のようなことをいわれるかもしれません。

> **取引先を審査すべきではないか？**

　たしかに、会社として新しく取引先を登録する際には、相手がまっとうな企業かどうかを審査します。しかしAmazonやMicrosoft、Google、IBMなどの超巨大企業を、あなたの会社が「審査」するのでしょうか？　たとえるなら、電話回線を引くときにNTTを審査するようなものです。あまり現実的ではないという点を理解してもらいましょう。

　最後に、コンプライアンスに関わる部門から、難しい宿題が出るかもしれません。

> **事後精算なので、使いまくれば支払い額は青天井になってしまう。どうやって牽制するのか？**

　野放図な経費の利用を抑止するために、会社の中には「牽制」というしくみ

第5章　クラウドを巡るお金の話

が必要です。たとえば「社員の業務に伴う出費はその上司が必ずチェックして、経費として承認する」といったルールです。事後精算型のクラウドでこれをどう実現するか、正解はありません。会社ぐるみでよく考える必要があります。会社を新しい時代に適合させるための「生みの苦しみ」というわけです。

しかし、新しい時代についていけない人も珍しくありません。社内を走り回っていると、きつい言葉を浴びせる人もいるでしょう。

クラウドなんかやめてしまえ！

筆者もそういわれたことがあります！

● 怒らず、騒がず、議論する

同じ会社の中でも、部門が違うとまったく意見がかみ合わないことがあります。うっかりすると喧嘩になってしまいますので、そこはぐっとこらえましょう。相手への配慮を忘れないことです。相手には相手の立場があり、守りたいものがあるのです。最後は同じ会社のメンバ同士、「会社をよくしたい」という思いは共通しているはず。前向きな議論を促すのがIT担当者の大切な役目です。がんばりましょう。

● 裏技①〜決済代行サービス

クレジットカードがどうしても持てない場合には、「決済代行サービス」を経由して支払う方法があります。代行サービスを提供している会社がクラウドベンダにクレジットカードで利用料を支払い、かかった費用を請求書にしてこちらに届けてくれるというサービスです。

ただし、10％程度の手数料が加算されます。また、事後精算であることには変わりはありませんので、事前に見積書を取ることはできません。利用料の牽制の問題は解決できずに残ってしまいます。

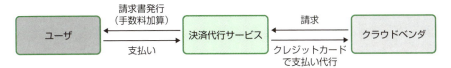

図2　決済代行サービスのしくみ

● 裏技②〜バウチャー購入

　事前見積りを確保する方法として、クラウドの利用料をバウチャー形式（前金方式）で取り扱ってくれるサービスもあります。事前に5万円、10万円などの「利用する権利」を購入し、その金額までクラウドを自由に使えるというものです。この場合は支払額が事前に確定するので、経費処理がやりやすくなるという利点はあります。

　ただし、一定の金額を半年かけて使うか、1週間で使い切るかなどは、利用者の裁量に任されますので、厳密にいうとやはり牽制の問題は残ります。ほかにも、アカウントのオーナーシップがバウチャー発行業者にあるのか、自分たちにあるのか、セキュリティ面での線引きを確認する必要があるでしょう。

　筆者としては、このような裏技はあくまでも「裏」のやり方であり、一時しのぎとしてはアリですが、長期的には脱すべきものと考えています。

Section 03 正しいコスト比較

クラウドのコスト削減効果に期待が寄せられている一方で、残念ながらコストに関する「誤解」も蔓延しています。会社が誤った認識のもとに間違った判断をしてしまわないようにリードすることも、IT担当者の大切な役割です。

● コスト削減効果は得られるのか

　ある調査によれば、企業がクラウドの導入を検討する際の最大の理由は「コストダウン」だといいます。クラウドでは、さまざまなサービスが「1時間数円」「1Gバイト月間10円」などと宣伝されていますので、システムの維持費を劇的に削減できるという期待が大きいようです。

　たとえば、「クラウドを活用して基幹系のTCOが64％下がった」「Webサイトの維持費が5分の1に抑えられた」といった事例も多数公表されています。筆者が過去に相談を受けた中で、「コストダウンできないなら、クラウドは使わない」というIT担当者の方も珍しくありませんでした。

　ところが、実際に試算してみると、ほとんどコストが下がらないように見えることがあります。それどころか、試算方法によってはコストアップになってしまい、意外な計算結果に怒り出す人もいるほどです。

　大幅なコストダウンに成功した企業がたくさんあるはずなのに、うまくいきそうにない試算結果が出てまうのはなぜでしょうか。

● クラウドのほうが高くつく試算例

　たとえば、AWSで中規模のサーバ（8コア、メモリ32GB）を1台使うと、1年間で6,217ドルです[注2]。1ドル105円とすると約65万円、5年使えば単純計算で325万円となります。

　325万円あれば、中規模な物理サーバが余裕で買えます（あるいはリースを受けられます）。このような比較をすると、「クラウドは安くない、むしろ高い」という結論になるわけです。しかし、このような比較は意味がないと筆者は

注2　東京リージョン、m4.2xlarge、Windows OS、全額前払い1年リザーブドの場合。2016年10月現在（税抜き）。

考えています。

● 見落としがちな裏コスト

　前の例ではオンプレミスのサーバ1台の購入費用と比較しました。しかし、その費用は「サーバを買ったまま、使わずに置いておく費用」でしかありません。実際にサーバを利用できる状態にするには、次のような費用（初期費用）を考える必要があります。

- サーバの設置場所確保（データセンタとの契約など）
- ラックの購入や耐震補強など
- OSやミドルウェアのセットアップ作業
- ネットワークの手配
- バックアップ装置の購入

　重要なシステムであれば、万一のサーバ障害・故障発生時の対策として、次のような準備をすることもあります。

- 予備のサーバ購入
- ネットワークの二重化
- 複数のデータセンタとの契約

　サーバの利用を始めれば、次のような月々の費用（運用費用）がかかります。

- 場所代（データセンタのラック利用料など）
- 電気代（サーバの電源、冷房など）
- ネットワーク維持費用
- 保守費用（保守契約を交わす場合）

　クラウドではこれらの費用を追加で支払う必要がありません。したがって、クラウドの利用料をハードウェアの購入費用（だけ）と比較するのは、あまり意味がないことがわかります。
　次の図は、オンプレミスとクラウドの適切なコスト比較の考え方を示した

ものです。現状のコストをどこまでとらえるべきかは、企業ごとに事情が異なると思いますが、できるだけ広くとらえることで、コストダウンの効果を正確に見積もることができます。

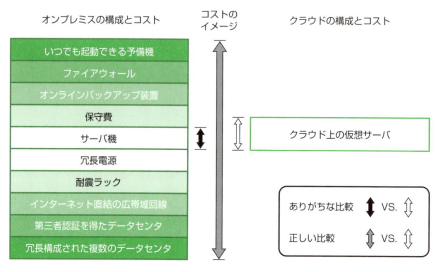

図3　オンプレミスとクラウドのコスト比較の考え方

　図に即していえば、サーバの購入費用が黒い矢印です。これに対してクラウドでの仮想サーバの利用コストが白い矢印になります。ここだけ比べると、クラウドのほうがコスト高に見えるわけです。

　しかし、実はクラウドと同じ機能をオンプレミスで実現しようとすると、図の左側にある構成をすべて自前で準備しなければなりません。そのコストは中央にある灰色の矢印で考えるのが適切です。それとクラウドの利用コストを比べれば、クラウドのほうが圧倒的に有利であることがわかります。

第 **6** 章

クラウドのリスクと
セキュリティ対策

オンプレミスとの根本的な考え方の違いを正しく理解して利用すれば、クラウドでは高度なセキュリティを確保できます。もちろん、完全にリスクがゼロというわけではありません。どんなリスクが存在し、どんな対策をすべきなのか、しっかりと把握しておきましょう。

Section 01 セキュリティポリシーを見なおす

企業のセキュリティポリシーの多くは、オンプレミスのシステムを前提に考えられたものです。そのまま適用しようとすると、「クラウドは使えない」という結論になりかねません。その障壁をどう乗り越えるか、考えましょう。

● セキュリティポリシーの壁

　セキュリティポリシーとは、企業の中で作っている「ルール集」のようなものです。とくにITに関わる事項で、情報漏えいや安全性の観点から「～すべし」「～してはならない」といった制約が定められています。たとえば情報インフラに関わる部分では、次のようなものがあります。

- プライバシーマークを取得しているデータセンタ事業者を利用すること
- 運用を外部委託する場合は、委託先の作業者の履歴書などを提出させること
- データセンタには定期的に立ち入り検査を実施して、運用が正しく行われているか確認すること
- 障害が発生した場合には、復旧するまで30分ごとに電話連絡を入れること

　ほとんどの場合、これらのルールはクラウドが登場するよりもはるか以前に定められたものです。これをそのままクラウドに適用しようとすると、すぐに「クラウドは我が社のルールに合わないので使えない」という結論になってしまいます。筆者の経験でも、半数以上の企業がまずこの「壁」に直面するようです。クラウドと（古い）セキュリティポリシーは、相性が悪いのです。どちらかが歩み寄らなければなりません。

● 個別交渉は間違ったアプローチ

　それならば、クラウドベンダ側を変えようとして「個別交渉」に動き出す人もいます。これは珍しいことではありませんが、多くの場合、前に進めません。

おもな理由は次のとおりです。

① クラウドベンダは、無数の利用者に対して標準化されたサービスを均質に提供することでコストを下げている。特定の利用者に対して特別な対応をすることは難しい
② 多くの作業を自動化（機械化）し、一番コストのかかる「人による作業」を減らしているので、個別のニーズにフレキシブルに対応することはほぼ不可能
③ クラウドベンダも「利用者の心配事」は十分に把握している。そして、心配しなくて済むような対策を整えている

世界中で何十万社という企業がクラウドを使っています。中にはあなたの会社よりも厳しいセキュリティ基準を持っている企業もあるでしょう。クラウドベンダがそれぞれ個別対応をしているかというと、それはあり得ません。基本的にどのユーザも平等に扱われます。

● 正しいアプローチ①〜ルールを書き換える

クラウドベンダのセキュリティ対策をすべての利用者に見てもらい、全員が納得できれば理想的でしょう。しかし、利用者の数を考えると現実的ではありません。多数の人がクラウドベンダの施設を訪れると、そのこと自体がセキュリティ上のリスクになってしまいます。また、利用者は必ずしもセキュリティの専門家ではありませんので、実のところ何を見ても十分には理解できない可能性もあります。

そこで、専門機関による審査・認定という方法が採用されています。これが前述の③の意味です。「第三者認証」といい、詳しくは本章Section 04で説明します。

あなたの会社のセキュリティポリシーは、まずこの「第三者認証」を受け入れるように改定する必要があります。たとえば「クラウドを利用する場合は、その事業者がセキュリティの第三者認証を取得していれば、本ポリシーの要件を満たしていると考えてよい」などの追記をするとよいでしょう。

● 正しいアプローチ②〜目的に立ち返る

　このような「割り切り」には反対意見も出るでしょう。ルールは厳格に守ることこそが正しいと主張する人が、あなたの会社の中にもいるかもしれません。彼らを上手に説得する必要がありますので、そのコツを紹介します。

　実は、セキュリティのプロはルールの文言にあまりこだわりを持っていません。ルールは技術の進歩によって変化すべきものだからです。古いルールにこだわる人は、この点に気づいておらず、目的と手段を取り違えているといってもよいでしょう。ルールに書かれていることの多くは「手段」です。手段の裏には「目的」があります。その「目的」さえ確保できれば、実は「手段」は何でもよいはずです。そして、「手段」は時代によって変化します。このことに気づいてもらうように誘導しなければなりません。

　たとえば、古いポリシーには「データセンタには定期的に立ち入り検査をしなければならない」と記載されていることがあります。このままではほとんどのクラウドは利用できません。しかし、「立ち入り検査」は「手段」にすぎず、その裏には真の「目的」があるはずです。最大の目的は「預けている自社のサーバなどの機器が適切に管理されているかどうか確認すること」「データセンタの運用が適切かどうか確認すること」でしょう。ところが、クラウドには自社のサーバなどの機器を預けることができません。また、データセンタの運用は第三者認証によってプロがお墨付きを与えています。そう考えると、立ち入り検査は無用であり、第三者認証だけを確認すればよいということになります。

　このように真の「目的」を突き詰めていき、クラウドの時代らしい「手段」を選び取ることが、説得力のあるアプローチといえます。

Section 02 壊れないモノなどないと理解する

「形あるモノは必ず壊れる」。クラウドやITに限らず、世の中全般の真理です。壊れて止まってしまうと困るシステムなら、二重構成など「壊れることを前提にした設計」が必要です。これはクラウドにおいても同様です。

● モノには寿命がある

情報システムは、たくさんの機器で構成されています。1つの機器、たとえばサーバ1台も、数千～数万の部品から成り立っています。クラウドも「仮想化」されてはいますが、それを支えているのは無数の物理的な機械です。

物理的なモノである以上、必ず寿命があります。人間の寿命にばらつきがあり、かつ、予測ができないように、機械の部品の寿命にもばらつきと予測不可能性があるのです。「新品の機器だから長持ちするはず」という「期待」はありますが、誰も「1年は壊れない」とは断言できません。どんな高価な機器でも、それが新品であったとしても、明日故障してしまう確率はゼロではありません[注1]。

● 壊れることを前提に考える（Design for Failure）

「モノ」が壊れるのは、あたりまえのことです。「壊れないことを前提に使う」「壊れないと信じて使う」という考え方では、いずれ大変なことになるでしょう。実際に壊れたときに、手の打ちようがないからです。

たとえばオンプレミスのシステムでは、データのバックアップを取ったり、機器類の予備を準備したりして、故障に備えておくのが一般的です。どうしても止めたくないシステムなどは、すべての機器を二重構成にして高い可用性を確保します。これは機器がいつか壊れることを、ある程度想定しているからです。このような対策が必要なのは、オンプレミスでもクラウドでも同じです。

注1 とあるIT部門で社員用のパソコン100台くらいを管理している方に聞いた話では、だいたい1～2ヵ月に1台程度故障するそうです。

クラウドでは、物理的なモノの移動が伴わないので、オンプレミスよりもトラブル発生時の対応がしやすいといえるでしょう。インスタンスが壊れたら、別のインスタンスに乗り換える。アベイラビリティゾーンが通信不能になったら、別のアベイラビリティゾーンに切り替える――といった具合です。また、サービスによっては最初から内部的に冗長構成になっているもの（オブジェクトストレージなど）もあります。故障時のことを想定して上手に設計すれば、非常に安定したシステムが作れるのです。

　このように「故障することを前提に設計を行う」ことを、「Design for Failure」といいます。クラウドの普及に伴って広まっている概念です。第9章で解説するデザインパターンなどにも典型的な設計例がありますので、参考にしましょう。

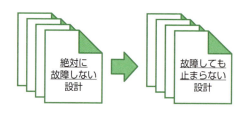

図1　故障することを前提に設計する

●「責任逃れ」をしても意味がない

　残念ながら、このような発想に違和感を唱える人が多いのも事実です。たとえば、次のような否定的な意見があります。

- 二重化するとシステムの構成が複雑になる。設計も運用も大変
- 利用するサービスが単純に2倍になるので、利用料も2倍になる
- インスタンスやサービスを提供しているのはクラウドベンダ。障害を起こさないようにするのがクラウドベンダの責任
- クラウドベンダの責任であるべき障害対応を、ユーザ側が追加費用を払って回避するのは納得できない
- 突然の故障など、許すべきではない。「故障を前提とする」とは何事だ！
- 何かあったらクラウドベンダに電話して、急いで直すようにいえばよいのでは？

実際に、オンプレミスであれば二重構成にしたり、予備機を準備したりしているにもかかわらず、クラウドになると急に簡素な構成にしたがる人は少なくありません。「そのほうが安い」のは事実ですが、「安いなりに、故障に弱い」のもまた事実です。「そのリスクはクラウド業者にかぶせよう」ということかもしれませんが、実務的には意味がありません。このような発言は、むしろ「他人の責任にさえできれば、システムが止まってもいい」といっているように聞こえます。IT担当者として無責任な態度といわざるを得ません。

● クラウドはユーザに選択肢を提供

　オンプレミスであれ、クラウドであれ、故障しない機械はありません。そして、クラウドでは「止まらないシステム」を作り上げるために、さまざまなしくみが安価に提供されています。

　万が一の際に何日か停止しても問題のないシステムは、安くあげればよいでしょう。絶対に停止してほしくないシステムであれば、それなりの手間とコストをかけても冗長性のある設計とすべきです。クラウドは、ユーザにそのような選択肢を与えています。どれを選ぶかはユーザの自由であり、ユーザの責任なのです。この点をはき違えないようにしたいものです。

Section 03 共有責任モデルを理解する

クラウドのセキュリティを語るうえで欠かせない「共有責任モデル」という考え方があります。使いこなす技術がどれだけあっても、このモデルの意味を理解できなければクラウドを使うべきではありません。非常に大切な概念です。

● 誤解しやすい「シェア」の意味

　IaaS系クラウドのセキュリティについて、「共有責任モデル」という言葉が広く知られるようになりました。多くの人が十分に理解したうえでクラウドを利用していますが、聞いた瞬間は違和感を覚える人も多いようです。必ず理解できる考え方ですので、慌てずにじっくりと吟味してください。

　この概念は、英語では「Shared Responsibility Model」といいます。この「share」（シェア）の説明として「共有」という訳語が使われるようになったことが、誤解を生みやすくしています。

　たとえば「2人でクルマをシェアする」といえば、そのクルマを買うときは半額ずつお金を負担しあうイメージがあります。しかし、「セキュリティ事故があったら、クラウドベンダも半分は責任をとる」と考えたら大間違いです。ここでの「シェア」は、「2人でピザをシェアする」イメージに近いのです。ピザの「右半分は私、左半分はあなた」といったように、境界線がばっちり引かれ、1人が食べ切った部分は絶対にもう1人が口にすることはできない。その意味で、重なり合う部分は1ミリもない——これが「Shared Responsibility Model」の「シェア」の意味です。

2人でクルマをシェア

2人でピザをシェア

図2　「シェア」の意味（クラウドは右側）

具体的には、よく次のような図で説明されます。「OSから上はユーザ」「OSから下はクラウドベンダ」という言い方をします。

第2章Section 04で「ユーザにはOSのルート権限が与えられ、そこにはクラウドの管理者も入れない」と説明しましたが、それをわかりやすく示しています。

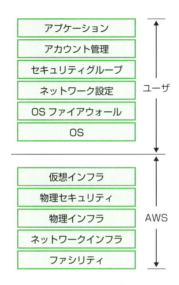

図3　クラウドの共有責任モデル（AWSの例）

セキュリティ事故では「データ漏えい」が問題になりますが、この図の中でデータはどこにあるでしょうか？　あまり難しく考える必要はありません。データはOSより上、場合によってはアプリケーションの上にあります。

「それは誰の責任範囲か」というと、ユーザの責任範囲であることが明確にわかります。クラウドベンダの責任範囲ではありません。OSの管理者権限（ルート権限）をクラウド利用者が握るのですから、クラウドベンダはそもそもOSより上には「入れない」のです。

● 情報漏えいは誰の責任？

ここまではなんとなく理解できたという人も、次の文を読むと少し驚かれるかもしれません。

データが漏えいしても、クラウドベンダは一切責任をとらない（とれない）

　これを聞いた瞬間に納得できるという人には、筆者もまだ出会ったことがありません。しかし、ここまでの説明を踏まえれば、ある意味当然の結論です。クラウドベンダは利用者のデータにさわれない。さわれないものは管理できない。したがって、漏えいしてもクラウドベンダに責任はない（責任をとれない）——ということになります。世界中の企業が、この取り決めを納得したうえで利用しているのです。

　この部分の理解は、従来のデータセンタ利用における「常識」とは大きく異なっています。かつてはデータセンタを利用する際には、情報管理に関して厳しく契約を交わし、データセンタ側の瑕疵（ミス）で情報漏えいした場合に備えてさまざまな厳しい取り決めを定めていました。クラウドになると、それがすべて省略されてしまいます。しかも前述のような驚きの結論が飛び出します。

　この「責任分担」には、絶対に納得がいかないという人もいます。そういう人は無理にクラウドを使う必要はありませんが、「世界中の著名企業がこの考え方を受け入れてクラウドを使い、メリットを得ている」という現実には目を向ける必要があるでしょう。

Section 04 クラウドのセキュリティに関する誤解

システムやデータをクラウド化すると「世界中に丸見えになってしまう」と思い込んでいる人が少なからずいます。クラウドは「安価なのでセキュリティは弱い」と考える人もいます。このあたりの誤解を解いておきましょう。

●「クラウドは危ない」という思い込み

「クラウドにデータを預けると世界中に公開されますよね？」と聞かれたことがあります。すごく自信ありげな態度でいわれたので、非常に驚きました。筆者から「○○社さんも□□社さんも、クラウドを使っています。彼らの情報は世界中から丸見えなのでしょうか？」と問い返すと、その人は少し考え込んでしまいましたが、「クラウドは情報が丸見えになる」という思い込みは変わらなかったようです。こういう人は意外と多く、あなたの会社にもいると思います。

また、最近はオンプレミス系のベンダの一部が、「クラウドは危ない」というイメージを植え付けようと躍起になっている様子が見てとれます。細かい言い回しは微妙に調整されていて、さすがに「クラウド化すると情報が漏えいする」と断言はしていないのですが、あたかも「そういうことが起きてもおかしくない」かのような表現を採っています。「だからオンプレミスが安心」といいたいようですが、逆にオンプレミスが100％安心とも断言していません。情報漏えいの危険はオンプレミスにもあるからです。

実際、情報漏えいのほとんどは「身内の犯行」といわれています。「身内」はオンプレミスの機器には近づけますが、クラウドの中に入ることはできません。どちらが危険か、考えるまでもないと筆者は思います。

● 最優先事項はセキュリティ

では、「クラウドベンダから情報が漏えいすることはないのか」という話になります。大事なシステムを預けるのですから、預ける側としても責任を持って一度はきちんと考えておきたいところです。

本書では折に触れて「クラウドはかんたんに利用し始めることができる」「いつでも利用を停止できる」と説明してきました。この話を少し延長して考えてみてください。あるクラウドで1件、情報漏えいが発生したとします。そのクラウドを使っている膨大な数のユーザはどうするでしょうか？　大半のユーザが即座に逃げ出してしまうことは確実です。ほかのクラウドに移るか、オンプレミスに戻るか、行先はわかりませんが、逃げたユーザはもう二度と戻ってはこないでしょう。クラウドベンダにとっては大打撃です。

　セキュリティ事故を一番恐れているのは、ユーザよりもクラウドベンダ自身であることがわかります。主要なクラウドベンダは、「セキュリティが最優先事項である」と宣言しています。そして、そのために膨大な費用をかけています。

●「第三者認証」で安心・安全を証明

　どのような対策を講じているのか、その基本的な考え方はWebサイトで公開されています。詳細まで公開してしまうと、それ自体がセキュリティ上の問題となってしまいますので、ベースにある根本的な考え方を示しています。関心のある人は一度目を通しておくとよいでしょう。セキュリティのプロや、大企業ユーザのセキュリティ担当者は必ずチェックしています。

　Webサイトで公開している情報は、あくまでもそのクラウドベンダの自己申告にすぎません。細かい部分や付帯的な事項を含めて「きちんとやっている」ことを証明するために、ほとんどのクラウドベンダが「第三者認証」を取得しています。さまざまな分野の認証がありますので、いくつか代表例を挙げておきます。

- 企業の会計データ（ISAE3402）
- アメリカ政府のデータ（FISMA）
- 国防関連の取引データ（ITAR）
- 医療データ（HIPAA）
- クレジットカードのデータ（PCI-DSS）

　これらの認定・認証を受けていれば、該当分野のデータを取り扱うにあたって、十分なセキュリティ対策や内部統制のしくみが整備されていることが外

部(私たち)に対して証明できるということになります。

どれもアメリカの制度に基づくものなのは仕方ないところです。主要クラウドベンダは、日本の普通のデータセンタ事業者では取得できないような認証を山のように取り揃えています。その取得・更新の手間と費用だけで、とてつもない金額を使っていることは容易に想像できます。利用者である私たちは、単にその上に乗るだけで、強固なセキュリティに「守られている」のです。

MPAA	DoD SRG	FDA	FedRAMP	FedRAMP TIC	FERPA
保護されるべきメディアコンテンツ	アメリカ国務省データ処理	アメリカ食品医薬品局	政府データ基準	FedRAMP認定インターネット接続	教育プライバシー法

FIPS	FISMA	GXP	HIPAA	SEC Rule 17a-4(f)	ITAR
政府セキュリティ基準	連邦情報セキュリティマネジメント	品質のガイドラインと規制	保護されるべき医療情報	金融データ基準	国際武器規制

CJIS	NERC	NIST	VPAT / Section 508
Criminal Justice Information Services	重要インフラストラクチャの保護	アメリカ国立標準技術研究所	アクセシビリティ基準

図4　セキュリティ関連の第三者認証「認証バッジ」〜 AWSの例
※ https://aws.amazon.com/jp/compliance/pci-data-privacy-protection-hipaa-soc-fedramp-faqs/ より

各認証がどのような趣旨で、どのような監査を行っているのか、その超概略はクラウドベンダのWebサイトで見つかるかもしれません。それ以上の詳しい情報は、認証機関のWebサイトで調べることになります。大半は英語で、しかもセキュリティや内部統制関連の専門用語も出てきますが、興味のある人はチェックしてみるのもよいでしょう。

Section 05 パトリオット法のリスクを考える

クラウドを利用するリスクについて考える際に、よく出てくるのが「パトリオット法」に関する懸念です。いたずらに不安視するのではなく、現実的に起こり得るリスクを冷静に把握しておくことが大切です。

● パトリオット法への懸念

クラウドの利用を検討している人に、「パトリオット法」(米国愛国者法)について聞かれることがあります。とくに多いのが、次のような懸念です。

- パトリオット法があるからアメリカ系のクラウドは使えない
- クラウド上のシステムが丸ごと持ち去られたら、業務が止まってしまう
- 持ち去られたデータは、アメリカのライバル企業に流れるかもしれない
- 事前告知から持ち去りまで数日しか余裕がなく、その間にデータを守る必要がある

こうしたことを、あたかも厳然たる事実であるかのように断言する人もいるので、驚かされます。これが本当なら、日本国内で使われている主要なクラウドはほぼ全滅ということになってしまいます。筆者の意見では、これらはいずれも「想像力豊かな勘違い」です。アメリカのクラウドをライバルだと考える人たちが、都合のよい言い方をしているだけではないでしょうか。少し落ち着いて考えてみましょう。

なお、本書は法律や司法手続きの専門書ではありませんので、以下に述べる説明は厳密な内容ではありません。それでも大まかな考え方を理解できれば、パトリオット法もそこまで恐くはないと感じられると思います。

● パトリオット法とは何か

パトリオット法は、「アメリカの犯罪捜査を迅速にするための法律」です。これによって捜査機関による「差し押さえ」(物理的なモノに限らず、データ

なども対象です）が、あっという間にできることになります。通常の捜査では、差し押さえをする際に裁判所の許可をとりつけますが、テロなどでアメリカ国民の生命の危険が差し迫っているなどの特別な事情がある場合には、この手順を後回しにできるというものです。まず差し押さえを先行し、テロや犯罪を防止して、あとから裁判所に説明をすればよいわけです。

パトリオット法の発動の条件を少し整理してみましょう。

- 差し押さえは、犯罪やテロの捜査に必要なモノに限る
- テロの危険が差し迫っている場合に限る
- 事後、上記2つをきちんと説明する必要がある

こう整理すると、次のように考えることができます。

犯罪捜査ではない場合

犯罪捜査とは無関係にシステムを抜き取られる可能性はあるか……というと、答えはNOです。事後的に説明ができません。そもそもアメリカ当局はテロの予防や監視が本業で、多忙です。あえて、それ以外のことをやる理由がありません。

犯罪捜査の場合

本当に犯罪捜査だった場合にはどうでしょうか。たとえばテロの容疑者があなたの会社から何かを買ったかもしれません。あるいは、あなたの会社のWebサイトにアクセスして、何か調べ物をしたかもしれません。それを突き止めるとテロを防止できるかもしれないという場合にはパトリオット法が発動するのではないか……というと、その可能性はゼロではないでしょう[注2]。

ただし、それはあなたの会社が捜査にまったく協力しない場合に限られます。さすがのアメリカ当局も、読み方のわからない膨大なデータの山から、必要な情報を短時間で抜き出すのは不可能です。テロの脅威が切迫している状況下では、スピードが極めて重要です。必要な情報を一番早く探し出せるのは、あなたの会社にほかなりません。何らかのルートで、会社に情報提供の依頼がくるはずです。会社として慎重かつ迅速に協力していれば、それ以

注2 この筋書きは、システムをクラウド上においているか否かは無関係です。アメリカ当局が本気でテロの関与を疑っているとしたら、あなたの会社のデータがどこにあろうと、結局は調べ上げられてしまうでしょう。

上の問題は起きないでしょう。

捜査に協力できない場合

あなたの会社がアメリカ当局の捜査を拒否するというのは少々考えにくいのですが、会社が夏休みだったりお正月休みだったりすれば、即応できないかもしれません。アメリカ側がしびれを切らしたらどうするでしょうか？さらに彼らがなぜか、あなたの会社のシステムがたまたまクラウドやデータセンタにあることを知っていて、その業者とは連絡がつく場合には、何が起きるでしょうか？

妙な条件ばかりで、ほとんどありえない状況ですが、最悪のケースを検証するのは大切です。頭の体操をしてみましょう。この場合はパトリオット法が発動する可能性はあります。それでも、あなたのシステムがクラウド上にある限り、システムが持ち去られることはないのです。少々逆説的な結論ですが、以下で解説します。

● パトリオット法が発動されたら

万が一、アメリカ当局があなたの会社のデータを「すべてよこせ」とクラウドベンダに要求した場合、クラウドベンダはその顧客（あなたの会社）が利用している仮想エリア全体をコピーして、そのデータを当局に渡します。

なぜ、クラウドベンダがこのような対応をするかというと、すべてが共同利用するために仮想化されているからです。「このハードディスクにはこの顧客だけのデータが入っている」「このサーバはこの顧客専用」という構造にはなっていません。すべての顧客には論理的な専用区画があるのですが、物理的な場所を特定することはクラウドベンダ自身でも難しいのです[注3]。クラウドベンダがすぐに把握できるのは論理的な区画だけなので、そのコピーを別の物理デバイスに取得して、それを当局に渡すわけです。利用中のシステムそのものを引き抜いて渡すわけではありません。

したがって、利用中のシステムは、（コピー中に一時的に速度が落ちるかもしれませんが）ほとんど影響を受けません。コピーを渡したこと自体は、クラウドベンダから利用者に通知されるようです。コピーさえ渡せば、クラウドベンダは義務を果たしたことになり、あとはアメリカ当局と顧客の間の問

注3　セキュリティ的には、そのほうが安心・安全です。

題となります。

● 暗号化すればコピーされても大丈夫

あなたの会社が前述のような事態まで想定し、それに備えておきたいのであれば、重要なデータは暗号化しておけばよいでしょう。

これは、クラウドに限ったことではありません。オンプレミスでも、データセンタ利用でも、「重要な情報の暗号化」はシステムの常識中の常識です。解読用のカギを自分で管理しておけば、クラウドベンダもアメリカ当局も解読することは現実的に不可能です。

前述のような経緯でコピーが漏えいしたとしても脅威は一切なく、何も恐れることはありません。「スーパーコンピュータを使えば、暗号も解けるのでは？」と思われるかもしれませんが、それでも解読には何十年～何百年とかかります。「テロを即時に防止する」という趣旨に合いませんし、膨大な費用もかかります。現実的に、スーパーコンピュータで解読される心配はないでしょう。

● それでも会社が納得しない場合は？

筆者の経験ですが、ここまで解説しても納得してもらえないケースがまれにあります。あなたの会社の中にも、納得できない人がいるかもしれません。その場合には、次のような質問を投げかけてみてください。

たとえば日本国内のAWSのユーザ企業は数万社に及ぶといわれています。Azureなどの著名クラウドを合わせると、その数はさらに上積みされます。ユーザの中には超大企業、超有名企業が名を連ねています。金融機関や教育機関のような、非常に保守的な組織も含まれています。第11章で紹介しますが、「社内の全システムをクラウドに持っていく」ことを決意した企業もあります。彼らはパトリオット法の存在を知らずに使っているのでしょうか？パトリオット法にこだわる人は、こうした多数のクラウドユーザの誰よりも先見の明があり、正しい判断ができるのでしょうか？

正直なところ、実際は真逆なのではないかと筆者には思えるのです。

Section 06 クラウドベンダの撤退問題を考える

クラウドベンダの廃業やサービス終了も「クラウドを使わない派」が主張する大きなリスクの1つです。近年、実際にサービスを停止したクラウドもありますが、今日の主要なクラウドでは、当面そのような心配はないでしょう。

● クラウドが突然なくなることもある？

2015年10月、HP（Hewlett-Packard）のIaaS型クラウド「HP Helion Public Cloud」のサービス終了が発表されました[注4]。約100日後の2016年1月末にサービスを停止するので、ユーザはそれまでに利用をやめ、データなどを退避するように求められたのです。「クラウドも廃業するリスクがあるのか！」と驚いた人もいるのではないでしょうか。

たとえばAWSでは、利用約款に「AWSはサービスの一部あるいはすべてを、ユーザに30日前に事前告知したうえで完全に停止する権利を留保している」といった趣旨の内容が書かれています。これを、「AWSは30日の猶予で撤退『する』のだ」と、読み取る人もいます。「そんなところに大事なシステムを預けられるわけがない」と考えてしまうのです。

図5　クラウドベンダが廃業・撤退することもある

● 当面はやめられないワケがある

具体的に考えるために、話をAWSに限ります。はたしてAWSにとって「撤退」は現実的かというと、「まあ、当面はないだろう」と予測する人が大半でしょう。いくつか理由があります。

注4　同サービスは、日本国内では提供されていませんでした。ほかのクラウドと比較してスケールも小さく、サービス内容も貧弱だったというのが筆者の率直な感想です。

まず、AWSの親会社であるAmazon.com（オンラインショップのアマゾン）がAWS上で稼働しています。AWSがクラウド事業をやめれば、1,000億ドル以上の売り上げを誇る親会社の事業に大きな影響が出てしまいます。このような事態がかんたんに起こるとは考えられません。

　次に、AWSには多数のユーザがいます。その中には、アメリカ政府、国防総省、NASAをはじめとするアメリカの公共機関も含まれます。各国（日本含む）の金融機関や大手製造業もいます。また、1億人のユーザを抱えるインターネットサービスも、AWS上で稼働しています。一説によると、AWSの顧客は世界中で100万社に近いとすらいわれています。

　現実に、2016年1月末の報道によれば、AWSの2015年（1～12月）の売り上げは約79億ドルで前年比70％の成長、営業利益率は25％に達しています。これだけの事業をかんたんに手放す理由がありません。これも「当面の撤退は考えにくい」大きな理由です。

● 遠い未来にはどうか？

　「そんなこといっても、景気が悪くなればアメリカ企業なんだからドライに割り切っちゃうでしょ？」という意見も聞こえてきそうです。筆者も「当面は」という表現を繰り返していますが、遠い未来を確実に見据えることはできません。

　しかし、この世に「遠い未来」を見通せる人はいるのでしょうか？　とくにIT業界は進歩が速いです。スマホやクラウドがここまで拡大するとは、10年前には予想もできなかったでしょう（予想できていた人がいたら、ごめんなさい）。みなさんの会社であたりまえに使われているパソコンも「あたりまえの存在」に見えますが、普及する10年前から見れば、やはり「予想もつかない存在」だったに違いありません。環境の変化による事業の撤退や業態の変更は、クラウドに限ったことではありません。同様のことが、ハードウェア／ソフトウェア、データセンタについてもいえます。

　クラウドの先に何があるのか、筆者には見据える力量はありませんが、1つだけいえるのは「オンプレミスの時代には戻らないだろうな」ということです。10年後が予想できないからといって、現状の古い考え方にしがみつくのは、得策ではないどころか弊害が多いとすら思います[注5]。

注5　そもそも10年後にあなたの会社は存続しているでしょうか？　景気が悪くなったら、あなたの会社よりも先にGoogleやMicrosoft、Amazon、IBMなどが潰れてしまうのか、少し冷静に考えてみるべきでしょう。

● 現実のユーザの判断は？

　本章Section 05でも書きましたが、現実には（AWSに限らず）クラウドには多数のユーザがいます。会社の生命線ともいえるシステムを預けるのですから、それこそ厳しい目をもったプロが、預けてよいかどうか精査をしています（大企業には、こういうことを専門にしているスタッフがいます）。

　彼らが「撤退」や「サービス停止」に関わる条項に気づかないとは考えにくいですから、リスクを認識して精査したうえで、利用するメリットのほうが高いと判断しているということです。機会があれば、ユーザ会（第9章で紹介します）などで、実際に利用している企業の人に話を聞いてみるのもよいでしょう。

第 **7** 章

クラウド導入までの基本ステップ

ここからは、いよいよクラウドにさわってみましょう。「ウチは外注するから、この章は必要ない」と思ったら大間違いです。外注先が提出した設計書や見積書をレビューする際に、経験がなければ正しい判断はできません。一度は手を動かして感覚をつかんでおきましょう。

Section 01 手を動かす①〜アカウントを開設する

さっそくクラウドで「サーバ」を使ってみましょう。少々無茶ぶりですが、習うより慣れろです。クラウドサービスで事実上の標準となっているAWSで、まずは「アカウント」を開設します。

● クラウドのイメージをつかむ

　Section 01 〜 02にわたって、AWSでサーバを使うための基本的な流れを説明します。読み進めながら、実際に手を動かして試してみてください。

　ここでは、詳しい手順や用語のひとつひとつに注目する必要はありません。「ここで、こんなのが出てくるんだ」くらいに記憶にとどめておけば十分です。まずは「クラウド＝かんたん」というイメージをつかみましょう。

● 最初に用意するもの

　まず、パソコンを用意します。インターネットにつながって、主要なブラウザが使えれば、機種は何でもかまいません。次にメールアドレスを1つ用意します。普段から使っているものでもOKです。このメールアドレスは、あとから変更することもできます。

　次に、有効なクレジットカードを用意します。これも普段から使っているものでかまいません。「いきなりものすごい金額を取られるのでは？」と危惧する必要はありません。普通に使っていれば大丈夫ですし、現実に年間で何万人もの人がやっていることです。みなさん最初は初心者だったのですから、ご心配なく。クレジットカードもあとから変更できます。

● AWSのアカウントを開設する

　「AWS」でインターネット検索すれば、AWSのWebサイトはすぐ見つかります（https://aws.amazon.com/jp/）。「サインアップ」というボタンがありますので、初めての利用者はそこから新規に登録します。これを「アカウントを開く」「アカウントを開設する」などといいます。

アカウントとは、あなたがAWSから与えられている、目に見えない箱のようなものです。銀行口座のことを英語でアカウントといいますが、それとよく似ています。銀行の口座は、最初は空っぽです。銀行はたくさんの口座を管理していますが、あなたの口座と他人の口座が混じることはありません。口座の開設自体は無料でできます。そして、銀行口座を目で見ることはできません。クラウドのアカウントも、ほぼ同様です。

● ウィザードに従って情報を登録する

　「サインアップ」のボタンをクリックしたあとは、基本的に画面の指示に従って進めていけば大丈夫です。

　まず、ユーザ情報や電話番号、クレジットカード番号などを登録します。入力した電話番号やクレジットカード番号が間違っていると登録できませんので、十分確認してください。ある段階で、本人確認のための電話がかかってきますので（日本語の自動音声です）、そのとき画面に表示されている暗証番号をダイヤルすればアカウント開設は完了です。

　これでクラウド上に「空箱」を手に入れたことになります。「サインアップ」のボタンをクリックしてから、5分から10分といったところでしょうか。

図1　AWSの「サインアップ」ボタンと「AWSマネジメントコンソール」へのリンク

● 管理画面を開く

　さっそく「空箱」の中をのぞいてみましょう。管理画面がありますので、それを使います。AWSでは「AWSマネジメントコンソール」といいます。AWSのWebサイト上にリンクがありますので、そこからたどり、先ほど登録したメールアドレスとパスワードでログインします。

　すると、にぎやかな画面が開きます。「空箱」というより「宝石箱」のようですね。いろいろな機能やサービスがきれいにアイコン表示されて並んでいます。ようこそ、クラウドの世界へ！

図2　管理画面の例（AWSマネジメントコンソール）

●「空箱」を開ける

　試しにいくつかアイコンをクリックしてみてください。すべて中身が空であることがわかります。この時点では利用の実績がありませんので、1円も課金されません。このまま何ヵ月も放置していても問題ありません。「ちょっと信じられない」という人も多いのですが、事実です。

　ただ、このまま放っておくのは少々もったいないですね。AWSは新規アカウントを開設した人に限り、いくつかのサービスについて1年間の無料枠を用意しています。サーバ（インスタンス。AWSの場合はEC2というサービス名で提供されています）にも無料枠があります。1年たつと無料枠が消えてしまいますので、次のSection 02でさっそく使ってみることにしましょう。

> **コラム　変化の激しいクラウド**
>
> 　本書に掲載されているWebの画面などは、本書執筆時点（2016年10月）のものです。クラウドはITの世界の中でもダイナミックな分野で、日々猛烈に進化しています。ここで紹介している画面なども、近い将来まったく違ったデザインに変わっている可能性がありますので、注意してください。
>
> 　変化といっても、機能が減ったり、なくなったりすることはほとんどありません（もし機能が減っても、別のよりよい機能への移行方法が明示され、移行完了まで時間的猶予が与えられるのが普通です）。また、「サーバ」（インスタンス）のような基本的な機能については、そう大きくは変わらず、呼び出す画面のレイアウトが変更になる程度と考えられます。

Section 02 手を動かす②～AWSでサーバを立てる

サーバを使い始めることを「サーバを立てる」と表現します。AWSのサーバ提供サービス「Amazon EC2」でサーバを立てる手順を見ていきましょう。最後にサーバを寝かせる(STOP)と、削除する(TERMINATE)操作も説明します。

● Amazon EC2を使う

　AWSにはさまざまなサービスがありますが、サーバ（正確には、サーバ提供サービス）には、「Amazon EC2（Elastic Cloud Computing）」という名前が付いています。「AWSといえばEC2」といってもよいくらい、非常に有名です。試しに使ってみましょう。

　まず、AWSの管理画面（AWSマネジメントコンソール）から「EC2」のアイコンを探します。画面左上の「コンピューティング」と書かれている付近にありますので、これをクリックします（図3参照）。

図3　EC2のアイコンをクリック

　すると、あなたが使っているインスタンスや関連するサービスの利用状況の画面が現れます。最初の段階では、いずれも利用状況なし（ゼロ）となっていると思います（図4参照）。

● リージョンを選ぶ

　「インスタンスの作成」というボタンをクリックすると、サーバを立てるプロセスに進みますが、その前に、管理画面の右上にある地名に注意してください。

図4 EC2の管理画面

プルダウンメニューで東京や北米、シンガポール、南米（サンパウロ）など、11ヵ所が選べるようになっています（2016年10月現在）。これが「リージョン」です。

どこを選んでもよいのですが、これから準備するサーバは、選んだリージョンに立てられます。これは冗談でも比喩でもありません。これからあなたが立てるサーバは、その国（あるいは地域）にあるデータセンタで動き出します。

表1　AWSで選択可能なリージョン

コード	名前
us-east-1	米国東部（バージニア北部）
us-west-2	米国西部（オレゴン）
us-west-1	米国西部（北カリフォルニア）
eu-west-1	欧州（アイルランド）
eu-central-1	欧州（フランクフルト）
ap-southeast-1	アジアパシフィック（シンガポール）
ap-northeast-1	アジアパシフィック（東京）
ap-southeast-2	アジアパシフィック（シドニー）
ap-northeast-2	アジアパシフィック（ソウル）
ap-south-1	アジアパシフィック（ムンバイ）
sa-east-1	南米（サンパウロ）

「自分は日本人だから、日本（東京）を選ばなければならない」ということはまったくありません。あなたのサーバ（インスタンス）は、AWSがサービス提供しているすべての国や地域で、「あなたのために」立ち上がります。

では、リージョンを選択したら「インスタンスの作成」ボタンをクリックしましょう。

● ひな形を選ぶ

次のプロセスでは、どのようなサーバを立てるか選んでいきます。過去に誰かが作ったサーバがあって、それらのバックアップがずらりと並んでいます。このバックアップは作った人の専用ではなく、むしろ、ほかの利用者がサーバを立てるときに便利なように汎用的なものが用意されています。一種の「ひな形」であり、技術的には「イメージ」（あるいはサーバイメージ）と呼びます。AWSでは「AMI（Amazon Machine Image）」という名前で提供されています。

最初は、自分が経験したことのあるOSで、機能の少ないシンプルなイメージを選ぶとよいでしょう。AWSの新規ユーザには無料枠があり、その枠内で使えるAMIが用意されています。画面上にも明示されていますので、それを選びましょう。

● サーバのスペックを選ぶ

「スペック」とは、サーバのCPUの数やメモリ容量、ハードディスクの容量などです。スペックが高い（性能がよい）ものほど価格が高いので、注意が必要です。一番安いもの（1時間2円程度で使えるもの）は無料枠の中で使えますので、それを選んでください（図5参照）。

図5　無料枠で使えるサーバのスペック（AWSのWebサイトより）

● セキュリティや認証方法を選ぶ

　ここから先は、基本的に画面の指示に従い、デフォルトの設定を選んでいきます。

　選んだOSがLinux系か、Windows系かによって、認証方法が違います。サーバにログインする前に暗号ファイルを画面から受け取り、手元のパソコンの中に保管しておく必要があります。やや難所ですが、画面の説明をよく読んで、注意深く作業すれば大丈夫です。インターネット上にも体験談などが多数公開されています。

● 失敗は恐くない

　もし失敗しても、やりなおせばよいのです。たとえば自分がログインできないサーバができあがってしまい、動き出すかもしれません。ログインできないので利用価値がなく、しかも（本来であれば）利用料が発生してしまいます。

　しかし、このようなサーバは管理画面から、かんたんに削除（TERMINATEあるいはDELETE）することができます。また、無料枠の中であれば、すぐには課金されません。気楽にいきましょう。

● サーバにログインする

　画面のウィザードが終了すれば、あなたにとって最初のクラウドサーバが立ち上がります。管理画面上に1行、「準備中」のサーバが現れます。Linux系なら数分、Windows系なら10〜15分程度で準備が整い、やがて管理画面上で「実行中」になります。

　この段階でサーバへのアクセス先[注1]が割り振られますので、リモート接続用のソフトウェア[注2]を使ってサーバにログインしてみましょう。

　無事にログインできたなら、おめでとうございます。あなたはクラウドの無尽蔵のリソースを乗りこなす切符を手に入れたことになります。AWS以外のクラウドも、ほぼ同様の方法で使い倒すことができるでしょう。このように、あっという間に「自分専用のサーバ」が準備できてしまうという点がクラウドの醍醐味です。

注1　グローバルIPアドレスやDNS名と呼ばれるものです。この時点では、あまり気にしなくてもかまいません。
注2　TELNETやPuTTY（Linux系）、リモートデスクトップ（Windows系）などがあります。

● 試行錯誤する

　最初からうまくいかなくても、心配する必要はありません。年間、何万人もの新規ユーザがあなたと同じことをして、そのうち何割かはあなたと同じ壁にぶつかっています。その壁は、多少の試行錯誤（おそらく数時間〜数日）で乗り越えられる程度のものなのです。

　経験値を増やすよい機会ですので、自分で考え、調べ、手を動かしましょう。その経験は、クラウドに関わるIT担当者として必要不可欠なものです。早い段階で体験し、「クラウドって、こういうものなんだ」という感覚をつかんでください。

> **コラム　あらためて……本書の位置づけ**
>
> 　ここで本書の位置づけを今一度書いておきましょう。
>
> 　本書は、いわゆる「オペレーションマニュアル」ではありません。オペレーションマニュアルは、画面の意味がわからなくてもかんたんな操作をするためのものです。「〇〇という画面の左側にある△△というボタンをクリックして……」という感じで、△△の意味を理解していなくても（素人でも）オペレーションできるようにするためのものです。これでは勉強になりませんし、そもそも本書の趣旨に合いません。また、クラウドは頻繁にレイアウトが変わりますので、オペレーションマニュアルの作成が難しいという一面もあります。
>
> 　本書は、技術書でもありません。特定のクラウド（本書の場合はAWS）について、細かい機能や設定項目などを、深く、詳しく解説するものではありません。技術書が必要であれば、良書がたくさん出版されていますので、Webサイトなどで評判を調べて購入するとよいでしょう。
>
> 　ただ、初心者がいきなり技術書を参照することはおすすめしません。みなさんが自分の仕事を理解し、クラウドも少しはさわってみて、ある程度のイメージをつかみ、知りたいことや調べたいことが具体的になってからにしましょう。そのときには、「クラウド以前はどうやっていたか」という知識が役に立つことがあります。本書でも適宜、古い知識を解説したり、援用したりしています。
>
> 　また、技術以外にも「壁」があります。あなたの会社のルールや先輩たちの考え方が、せっかくの最先端技術（クラウド）を遠ざけてしまっているかもしれません。これは技術では解決しません。
>
> 　本書は、このあたりの橋渡しをすることで、「クラウドを使う」という漠然とした課題の全体像を読者と共有することを目的としています。

● ログインできたら

　生まれて初めてクラウドのサーバにログインするのは、なかなか感動的な瞬間でしょう。あなたはそのサーバの管理者権限を持っていますので、そのサーバ（OS）上で技術的にできることはすべて実行可能です。

　自分以外は、誰も――クラウドベンダの一番偉い技術者であっても、そこに入ってくることはできません。まさに「自分専用のサーバ」というわけです。あなたが知っているコマンドやアプリケーションを試して、そのサーバの「力」を確認してみましょう。今後はその「力」を会社の業務のために活かしていくことが、あなたの大きな仕事になっていきます。

● サーバを寝かせる

　感動的なログインでしたが、とりあえず「お試し」で立てただけですので、とくに利用する目的があるわけではありません。また、サーバの中身は最低限のものしか入っていませんので、すぐにやることがなくなります。退屈したら、ログオフしましょう。そして管理画面に戻ります。

　管理画面から先ほどの自分のサーバを選び、「STOP」させます。画面の表示が「stopped」になれば、そのサーバは「寝ている」状態になります。「running」中のサーバは1時間単位で課金されますが、「寝ている」サーバには課金されません[注3]。無料枠を利用している間は気にならないかもしれませんが、「不必要なものは寝かせる」という習慣はつけておいて損はないと思います。

● サーバを削除する

　せっかく準備した人生初のクラウドサーバですが、利用目的もありませんので、練習を兼ねてさっさと処分してしまいましょう。先ほどは管理画面で「STOP」を選びましたが、今回は「TERMINATE」を選びます。確認メッセージがでるかもしれませんが、遠慮せず「YES」で先に進みます。管理画面上で「TERMINATED」になれば成功です。

　これで、サーバは消え去りました。もう誰も使うことはできません。課金も発生しません。捨てる気になれば一瞬で捨てられるという、このような「手離れのよさ」もクラウドの醍醐味の1つです。

注3　寝ている間のサーバは、「イメージ」が保管されています。厳密にいうとイメージの保管にはお金がかかります。30Gバイトのイメージであれば、月間で2～300円といったところです。

サーバを使っていた時間は1時間くらいでしょうか？　いろいろ作業しましたが、ここまでの利用料は約2円といったところです。無料枠内のサーバを選んでいれば、それすらも気にする必要はありません。クラウドの手軽さを感じられたのではないかと思います[注4]。

> **コラム** 「軽」と「重」のギャップ
>
> クラウドを利用してサーバを立てて、使って、寝かせて、削除する、一連の流れを駆け足で見てきました。クラウドの利用が意外と気軽なものであることがわかります。この「軽さ」は、クラウドのメリットそのものです。
>
> 一方で、IT担当者のミッションは「企業システムの管理・運用」です。重要なシステムを背負う重責があり、どうしても「重」という字がついてまわる「重々しい」雰囲気があります。
>
> 実はこの「軽」と「重」のギャップが、エンタープライズでクラウドを利用する際の大きな課題です。前のコラムでも触れましたが、乗り越えるべき壁が生じてしまうのです。
>
> 1つには心理的な壁となって現れます。「重」の考えに慣れた人だと、「軽」のほうは「危なっかしくて使えない」と感じるかもしれません。さらに、会社の中のさまざまな制度が壁になることがあります。「重」を守るために張り巡らされたルールがあり、いろいろなことを「軽々しくできない」ようになっていますので、「軽」とは相性が悪いのです。
>
> しかし、クラウドのメリットを最大限に享受するためには、この壁は突破していかねばなりません。現実に多くの企業で、この壁を取り払う努力が行われています。技術の進歩に会社を適合させていくという、IT担当者の大きなミッションの1つです。

注4　ここではWeb管理画面からクラウドを制御する方法を紹介しました。このほかにコマンドやプログラムでクラウドを制御する方法もあります。序章で紹介したクラウドの革新性の1つですので、興味のある人はWebや書籍などの情報を参考にして挑戦してみてください。

Section 03 クラウド化するシステムを考える

腕試しが終わったところで、業務での本格的なクラウド活用の検討に移ります。まずは「何をクラウド化するか」を考えます。最初にクラウドへ持っていくシステムはどのようなものがよいか、考えてみましょう。

● 最初の一歩を踏み出す

Section 02では、クラウドを実際に体感しました。そこで得られた感覚や知見をもとに、徐々にみなさんの会社でのクラウド利用を始めましょう。

とはいえ、闇雲にシステムをクラウドに持っていくわけにはいきません。きちんと計画を立てて準備する必要があります。最初の一歩はどう踏み出すべきか、いろいろな考え方がありますので紹介します。

● 重要度の低いものから持っていく

クラウド黎明期によくいわれていた説です。2010年ごろまで、クラウドは「重要なシステムでは使えない」あるいは「使ってはならない」という考え方が有力でした。クラウドという「未体験」の「わけのわからない」ものに、いきなり会社の重要なシステムを預けるわけにはいかないだろうというわけです。

会社の中にクラウドに対して慎重な意見の人がいる場合には、このようなアプローチは有効だと思います。システムの重要度は低くても、クラウド化することで運用負荷が下がったり、システム自体が目に見えなくなるので心理的に楽になったりします。1つうまくいけば、「それなら次はアレを持っていこう」というようにクラウド利用が広がっていくケースもあります（筆者はそのような例をたくさん見てきました）。とくに、インスタンスを利用しない「バックアップ用途」は、とっつきやすい使い方です。

● 重要なものから持っていく

これは、最近（2014年ごろから）出てきた方法論です。まだあまりメジャーではないと思いますが、「フルクラウド[注5]」を目指す企業の方が提唱し、話題になりました。クラウドについて十分研究がなされ、全社的にクラウドを使っていくぞという決定がなされた場合には、このアプローチが有効かもしれません。一番難しいものを先にやってしまえば、IT担当者の習熟度が高まり、その分、ほかのシステムについては早く楽にできるようになるので、結果的に短期間でクラウド移行が完了すると考えられます。

アメリカNASA（宇宙開発局）が同様の考え方で、「重要な情報ほどクラウドに置く」といっています。Microsoftも社内の文書は「基本的にクラウドに置き、念のためオンプレミスにバックアップを置く」という設計思想だそうです。前項で説明したアプローチとは真逆といえます。

● 古いシステムから持っていく

できあがってから時間がたっているシステムはIT担当者も構成がよくわかっていますので、構成の変化の管理がしやすく、クラウド移行の有力候補となるようです。サーバが老朽化している、データ容量の余力が不足してきているなどの事情がある一方で、今後そう長くは使わない（サーバ更改してもシステム自体の寿命がリース期間よりも短い）ことがわかっているようなケースも、クラウド移行に適していると考えられます。

● 新しいシステムから持っていく

現状のシステムは、オンプレミスならではの設計と運用が前提となっています。これをいじるのはリスクもあるので、今後必要となる新しいシステムから、オンプレミスを一切やめてクラウド上で構築していくアプローチを採用している企業もあります。そうしているうちに、クラウドに関する学習が進み、いずれ古いシステムをクラウドに持ち込むノウハウも身につくと考えられているようです。

注5　フルクラウドについては、第11章Section 08で解説します。

図6 「どのようなシステムをクラウド化するか」は、いろいろな考え方がある

● ソフトウェアライセンスを確認する

　もうこの問題はほとんど発生しないと思いますが、まれにあるようなので念のため触れておきます。クラウドへ持っていこうとしているアプリケーションがソフトウェアベンダから購入したもの（あるいは利用許諾を受けているもの）であれば、そのアプリケーションがクラウド上で稼働するかどうかを確認しておきましょう。ゼロから自社開発したものは、とくに問題ありません。

　著名なアプリケーションであれば、Webサイトなどでクラウドへの対応状況が公表されています。あまりメジャーでないものの場合は、ソフトウェアベンダに確認が必要です。たとえば次のような場合には、すぐにはクラウドで利用できません。

① 特殊なハードウェア（特定型番のグラフィックボードなど）を必要とするもの
② 特殊なUSB機器などでライセンス認証するもの

　どちらもクラウド上で動かすにはアプリケーションの修正が必要です。さらに、次のようなケースもあります。

③ クラウド上でも正しく動作するか否かをベンダが検証していないもの
④ クラウド上でも動くが、保証やサポートをベンダが拒否しているもの

　いずれの場合においても、すぐにあきらめる必要はありません。世の中の「サーバ」の大半が物理的なもの（オンプレミス）からクラウドに移行しつつあるのです。アプリケーションのベンダ側としても、「クラウド対応しません」といってしまうと市場を大幅に狭めることになり、死活問題です。案外、あなたの会社からプッシュすれば、それが最後の一押しとなってベンダも動き出すかもしれません。要求してみる価値はあると思います。

なお、後半③④のケースについては、ベンダの保証がなくても実質的にはクラウド上で動いてしまうので、利用者側のリスクで（つまり無保証で）動かしているユーザもいるようです。そうしているうちに、ベンダがサポートし始めるのを待つわけです。また、ベンダが保証しないことを商機と見て、第三者が保証やサポートを請け負う（保守料は第三者に払う）ビジネスもあります。いずれにせよ、見かけ上は今までにない種類のリスクがありますので、どこまで許容できるかの検討が必要です。

● 社内の事情を考えて判断する

　「クラウドの第一歩」をどう考えるべきか、そこに正解はありません。みなさんの会社の中の事情とシステムの現状、学習への意欲と速度、想定リスクと許容度、コストなどを十分に考慮し、ロードマップを描き、関係者で十分レビューをして合意形成を目指しましょう。

　繰り返しの補足になりますが、クラウドには「あと戻りしやすい」という特性があります。反対派の心配を和らげる意味でも、その特性を活かしたロードマップを考えましょう。

Section 04 ネットワーク構成を考える

ネットワークの設計構築は、新人IT担当者には少々ハードルの高い分野です。社内の詳しい先輩の協力を仰ぎながら構成を検討します。とはいえ、おさえておくべきポイントはそう多くはありません。

● ネットワークはインスタンスの基礎工事

　クラウド上に実際にシステム（サーバ／インスタンス）を置く前に、それらを配置する環境について検討しなければなりません。具体的にはネットワークの構成を考えます。

　ネットワークはインスタンスを乗せる論理的な「土台」のようなもので、土台の機能を制約しておけば、その上のすべてのインスタンスは、同じ制約を受けます。土台をあとから変更することも難しくはありませんが（オンプレミスでは不可能に近いです）、インスタンスの台数が多くなるとかなり面倒な作業になってしまいますので、あらかじめよく考えておきます。

　ここで考えるネットワーク構成には、2つの側面があります。「クラウドの中」、そして「オンプレミスとクラウドの間」です。

● クラウドの中のネットワーク構成

　クラウドの中の環境を、ネットワーク的に複数の区画（セグメントといいます）に分けておきます。システムやサーバの重要度や、データのセキュリティの観点、トラフィック（通信量）を分散させる観点など、さまざまな考え方で設計を行います。このような設計は、オンプレミスの社内LANの設計でも行われていることですので、その考え方を踏襲します。

　設計といっても、確認すべき点はそう多くありません。区画のサイズ（中に入るIPアドレスの数）、区画間の通信の許可／拒否、外部インターネット接続の有無、オンプレミス側と直接する区画の選定、中に入れるサーバやデータの特性……おもな項目は、ざっとこのくらいです。「実現したいこと」さえ決まれば、設定すべき項目は多くありません。

このとき、クラウド上で利用可能な区画を「使い切らない」ように気をつけましょう。一度クラウドを使い出すと、いろいろと便利なので、あれもこれもと追加していきたくなるパターンが多いのですが、その際に追加の区画が必要になることがあります。区画を使い切っているとそれができないので、無理をしてしまい、たとえば本来は同じ環境に共存すべきでないサーバが変な形で相乗りすることになったりします。余裕を持った設計を考えましょう。

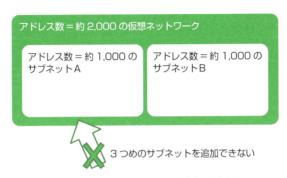

図7　余裕のないネットワーク構成の概念図

● オンプレミスとクラウドの間

オンプレミスとクラウドの間の接続（ネットワーク）をどのように実現するかを考えます。第3章Section 06でも説明しましたが、複数の選択肢があります。また、あなたの会社に複数の拠点がある場合、どこからクラウドをつなぐのがベストか検討する必要があります。

● ネットワーク全体との整合性

最終的に、クラウド上の環境はオンプレミス（社内LANやWAN）に直結され、あたかもそれらの延長や、それらの一部であるかのように見えます。そのため、この部分の設計は社内ネットワークの設計と同様の思想で取り組む必要があります。社内LANの設計に詳しい先輩をつかまえて、相談するとよいでしょう。

Section 05 役割に応じた権限管理を考える

クラウド上のシステム運用管理を複数人で行う場合、それぞれの役割に応じた適切な権限設定および管理が不可欠です。とくにオーナーアカウントの権限は強力なので、複数メンバでの共有は避け、厳格に管理しなければなりません。

● 最初の1人「オーナー」の権限が強すぎる

　本章の冒頭で、クラウド（AWS）のアカウントの開設方法を説明しました。アカウントを開設した人（アカウントのオーナーと呼びます）は、自分のアカウントの中で、クラウドが提供しているすべての機能を何の制約もなしに使えます。これはよく考えると恐ろしいことで、とくに企業として本格的にクラウドを利用していく際には、オーナーの存在は「危険」とすらいえます。

　たとえば、オーナーは本番稼働中のインスタンスを数分ですべて停止させることが可能です。クラウド上のストレージも、バックアップも、数クリックで削除して、二度と取り返せない状態にしてしまうこともできるのです。オーナーが1人ならまだよいのですが、複数のメンバでアカウント情報（ログインIDとパスワード）を共有していたりすると、上記のような問題が起きた際に誰の犯行か特定できません。犯行直後にパスワードまで変更されてしまったら、もう犯人以外は誰も現場（クラウド上の環境）に入れなくなってしまいます。

　このようなことを予防するために、主要なクラウドでは同一のアカウントの中に複数のユーザを設定できるようになっています。そして、それぞれのユーザの権限（クラウドの中でできること）を制限できます（図7参照）。また、個々のユーザの操作ログが残るしくみもあります。

● オンプレミスのルールの確認から

　もともとチームメンバごとにIDを用意したり、権限を分けたり、操作のログを取るといったことは、クラウドに限らず、オンプレミスの時代でも行われていたことです。まずは、自分の会社がどのようなルールを運用している

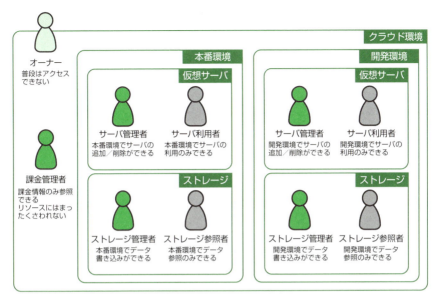

図8 権限管理の例

のか、その内容を十分に確認します。そのうえで「クラウドならでは」の要素を盛り込んでいくとよいでしょう。

● クラウドならではの要素

「クラウドならでは」の要素としては、以下のようなものがあります。

本番環境にサーバを追加／削除できる権限

オンプレミスではありえない考え方です。これらの権限を持っているメンバは、少ないほうがよいでしょう。追加するだけなら無害だと思いがちですが、高価（ハイスペック）なインスタンスを多数起動されてしまうと、コストが増大してしまいます。いずれにせよ「本番環境に手を入れる」のは重大な決断であり、影響力の大きな作業なので、これが可能なユーザは絞り込む必要があります。

開発環境や検証環境にサーバを追加／削除できる権限

これらの作業は本番環境に影響がない限り、気軽にできたほうが便利です。

少なくとも操作したメンバごとに、自分で立てたサーバは自分で消せる（ほかのメンバのものは消せない）権限があると望ましいでしょう。

操作をする場所の制限

オンプレミスでは「オペレータは、特定の部屋の特定の端末からしか操作できない」というような作り込みが可能ですが、クラウドには物理的な制約を設けにくい状況があります。

論理的な制約は設定しやすいので、たとえばクラウドに対する接続元のIPアドレス（あるいはその範囲）を制限する方法があります。これにより社外からの操作を禁じ、会社の中の特定のセグメントからしか操作できないようにすることも可能です。ただし、このような制限を受けたユーザは、緊急時に自宅やモバイル環境から操作ができなくなる可能性があります。

オーナーの隔離

オーナーの権限は強すぎるので、よほどの非常時でない限りオーナーのIDではログインできないようにすべきです。オーナーのIDは知られてしまいますので、パスワードを秘匿します。さらに二要素認証方式を採用し、ワンタイムパスワードを生成する機器を金庫に保管するなどの方法が多いようです。

● 制約は早い段階で

個々のユーザに与える権限は、なるべく早い段階で絞り込んでおくとよいでしょう。あとから絞り込むことも可能ですが、幅広い権限を前提に仕事が回り始めていたり、メンバから不満が出ることも予想されます。最初からきちんとルールを整備するのがベストですが、新人IT担当者には難しいかもしれませんし、会社ごとにルールの考え方が大きく異なります。社内の経験者と相談しながら進めるとよいでしょう。

なお、複数メンバの権限管理を効率的に行うために、AWSにはIAM（AWS Identity and Access Management）、AzureにはAzure Active Directoryという機能が用意されています。

Section 06 クラウドらしい設計をする

ネットワークの構成やチームの権限など、クラウドの「足回り」について方針が固まったら、次はシステムの構成の検討に入ります。最初にサーバの配置を考えます。

● システムの設計

　システムを置く環境が定まれば、次はシステムそのものを導入する作業に移ります。さっそくサーバを立ち上げて……といきたいところですが、もう少し準備をしておきましょう。何ごとも段取りが大切です。

　サーバの動作はオンプレミスでもクラウド上でも大きな違いはありませんので、システム導入作業自体は、オンプレミスもクラウドも「あまり変わらない」のが実情です。だからといって「オンプレミスでサーバを10台使っていたから、クラウドでも10台」と考えるのは、賢明ではありません。多くの場合、さまざまな無駄が生じます。個々のサーバの役割や台数はきちんと精査し、必要なものを必要なだけ揃えることにします。これも一種の設計作業です。

● オンプレミスならではの無駄

　筆者の経験した中では、オンプレミスには次のような無駄を抱えているシステムが多数ありました。

① 巨大ストレージ装置付きのバックアップ専用サーバがある
② 監視用のサーバが用意されている
③ 障害に備えて予備機が準備されている
④ 開発環境とステージング環境が用意されている

　本来必要な数台のサーバの周辺を、その何倍ものサーバやストレージ装置が取り巻いている状態です。さらに、そのような構成とまったく同じ構成が、予備のデータセンタにも配置（！）されていたことがありました。

● クラウドならではの設計

これらの無駄は、次のような方法で大幅に削減できます。

①② クラウド自体が備えている機能を使う
③④ あらかじめ用意するのではなく、必要になったときに呼び出す
　　クラウドのAZを活用して、データセンタレベルの冗長化を図る

こうすれば、クラウドらしいシステムでコスト削減が可能になります。

● 運用も設計する

　この段階で、バックアップや監視について「クラウドでは機能が足りない」と指摘されることがあります。たしかに、オンプレミスベンダが用意した高級なツールは機能も豊富で、使い勝手もよい面があります。一方で、クラウドが提供している機能は最低限で荒削りのものも少なくありません。

　しかし、ベンダの「高級な機能」はどれほどの頻度で使うものでしょうか。しばしば高級なツールは、バックアップや監視などの「本来の目的」に照らして、過剰な（使いこなせないレベルの）機能を備えています。それゆえに高価で年間保守費用もかかり、習得するのにも時間や費用がかかったりします。

　クラウドの機能は必要最小限のことができます。しかもプログラマブルなので、かんたんなスクリプトで高度な制御ができるようになります。コストはほとんどかかりません。学習のためのコンテンツも豊富です。

　目先の機能の有無だけではなく、費用対効果やシステムの発展性、従事する人材の将来性を総合的に考えて、システムの運用方法も検討（設計）しておくべきでしょう。

● クラウド設計のコツ

　サーバの配置にせよ、運用設計にせよ、クラウドで検討する場合のコツがありますので、少し紹介しておきましょう。

リソースの制約は気にしない

　オンプレミスでは「リソースは限られたモノ」という前提がありました。ク

ラウドにはその制約がありません。従来のシステムに慣れた人にとって、この発想の切り替えは難しい面もあるようですが、みなさんはぜひ慣れてください。リソースは、いつでも必要なときに呼び出すことができるのです。オンプレミスではありえない前提です。これを上手に使ってください。

スペックは「お試し利用」で決める

　サーバを立ち上げるときは、サイズ（スペック）を決めます。クラウド化するアプリケーションを、どのスペックのインスタンスで動かせばよいのか、事前に決定する必要があるわけです。

　このとき「決め方がわからない」といわれることがあります。たしかにクラウド上のインスタンスはすべて仮想サーバなので、必ずしも物理的なサーバのように性能が安定するわけではありません。提示されている性能も「目安」でしかないのです。「これでは不安で決められない」という意見があるのもうなずけます。

　しかし、この発想もオンプレミス特有のものであることに気づいてください。一度買った物は返品できないルールであれば、たしかに慎重にならざるを得ませんが、クラウドでは短い時間だけ低コストで借りることもできるのです。「不安なら使ってみて決めればよい」というわけです。

マネージドサービスを使う

　本Sectionの「オンプレミスならではの無駄」の項で「バックアップサーバや監視サーバは不要ではないか」という指摘をしました。同じような考え方で、「サーバ」を極力減らす方策を考えます。一番効果的なのは「データベースサーバ」です。第3章Section 07で述べましたが、「サーバを立てる」のではなく「サービスを使う」方向に切り替えていきます。

　多少、自由度が減るように見えるかもしれませんが、「マネージド」ですので、余計な管理の手間をクラウド側に任せることができます。運用や障害対策の負担も激減しますので、積極的に使いたいところです。同じように、キャッシュサーバやメールサーバ、DNSサーバ、ロードバランサなども、マネージド型でサービス化されています。

「ありきたり」なものを使う

　「ありきたり」という表現では語弊があるかもしれません。「標準的な」ある

いは「オープンな」と言い換えてもよいでしょう。かんたんにいえば「なるべく特殊なものは使わずに、世の中でデファクトスタンダードになっているものを使っていこう」ということです。メーカ独自のハードウェア、独自OS、独自のソフトウェアではなく、世の中に広く受け入れられているものを組み合わせて使うよう心がけます。

　そもそもクラウドでは、ハードウェアベンダ特有のOSなどは利用することができません。せっかく土台がオープンなものになっているのですから、その上で実行させるものは、なるべく汎用的なもの（できればOSS：Open Source Software）を活用します。そのほうが安価であり、情報が豊富であり、学習コストが低く、発展性があるからです。クラウド化を契機として、みなさんのシステムも余計な贅肉をそぎ落として、筋肉質な構成に変えていくのが好ましいでしょう。

ベストプラクティスを手本にする

　第9章でも紹介しますが、クラウド利用については多くのノウハウが公開されています。利用者自身が自分たちの活用方法について、どのような考え方で、どのような構成にしたのか、結果として、どのような効果が得られたのか、将来の課題は何か……などを語っています。その多くはよい意味で自慢気であり、自信に満ちています。これらは間違いなく、現時点での最先端のベストプラクティスだという自負があるからでしょう。ここから学ぶことは多く、筆者自身も多くの事例を読み込むようにしています。なにしろ無料ですので、大いに利用しましょう。

Section 07 システムを導入する

サーバ構成が決まったら、いよいよシステムの導入です。オンプレミスとほとんど同じインストール作業ですので、大筋は過去のやり方を踏襲してください。ここでは、クラウドならではの点を多少補足するにとどめます。

● サーバを立てる

　システムを導入するためのサーバを用意します。導入作業に時間がかかるようであれば、最初はスペックの低いものでもかまいません。導入が終わったらスペックの高いものに切り替える方法もあります。短時間で終わるなら、本番想定のスペックのもので作業を開始します。

● バックアップを取る

　オンプレミスでも、作業途中の要所要所でバックアップを取得すると思います。オンプレミスとは違い、クラウドのバックアップ取得は容易です。作業時間を短縮できますし、ストレージのサイズを気にする必要もありません。気軽に取得できるでしょう。ただし、「どの時点の何のバックアップなのか」は、きちんとわかるように記録しておきましょう。後日、不要なものを削除しようとしても、正確な記録がないと躊躇してしまい、結局、何も消せずに課金だけが増えるということになりかねません。

● 災害演習を実施する

　インストールが完了したら、本番稼働を始める前に、災害演習を実施しておきましょう。せっかく作ったインスタンスが突然動かなくなってしまった場合、その状態からどうやってリカバリするのか、事前に立てたシナリオに即して、一通り経験しておくとよいでしょう。本番運用が始まってしまうと、なかなかできない作業です。また、本番前でもオンプレミスでは極めて困難な作業です。クラウドのメリットを十分に活かして経験値を上げておきましょう。

● 一通り終わったら

　途中で取得したバックアップは必要最小限なものだけ残して、あとは削除しておきます。時間がたつと、削除してよいのかどうか判断がつかなくなるので、記録と記憶が鮮明なうちに消しておくのがベストです。

● その他の事項

　その他の事項はオンプレミスと同じです。みなさんの会社の方法を踏襲してください。おさえておくのは、メディアの準備方法、動作確認の方法、データの移行などです。ネットワーク越しに作業するので多少は時間を要する部分もあるかもしれませんが、基本的な考え方と作業内容に大きな変化はありません。

第 **8** 章

クラウド運用のヒント

クラウドへのシステムの導入が終われば、次は運用です。システム運用の本質は、オンプレミスもクラウドも同様です。基本的な運用手順については他書に譲り、ここではクラウド特有の留意点や運用のあり方を見ていきましょう。

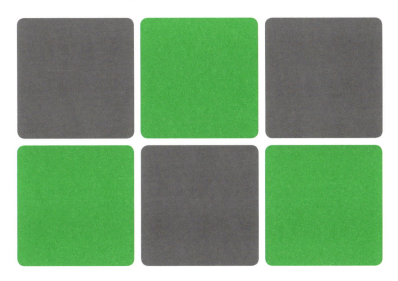

Section 01 課金を監視する

サーバなどのリソースを、いつでも手軽に調達できるのがクラウドのメリットです。しかし、その手軽さと「目に見えないリソース」という特性から、油断していると使いすぎてしまい、思わぬ運用コストの増大を招く恐れもあります。

● クラウドの課金状況は見えにくい

　クラウドは、オンプレミスに比べて初期投資を圧倒的に低く抑えることができます。しかも、利用料は「使った分のコスト」だけ。何もかもバラ色のようですが、実は弱点もあります。クラウドの課金は「見えにくい」のです。いつの間にか月々の支払い費用が増大しているかもしれません。

　オンプレミスは「見えるモノ」にカネを払えば、あとは、追加的な費用はほとんど発生しません（電気代くらいでしょうか）。どんなに設定をしくじっても、無駄なバックアップが山のようにできても、通信回線がパンクするような事態になっても、支払うべき月額費用は、ほぼ固定されています。

　クラウドではコストが発生しているモノが、その瞬間には見えていません。設定を間違えれば、必要以上に高価なインスタンスを何十台も起動してしまっているかもしれません。取得したバックアップは全体のサイズによって課金されますので、こちらも古いものの削除を忘れていれば使用料が増大してしまいます。通信量によって課金されるサービスもありますので、外部からアクセスするお客さまの数が増えれば通信量が跳ね上がり、その分も課金されてしまいます（これは「嬉しい悲鳴」かもしれませんが）。

● 課金状況の監視を自動化

　とはいえ、課金の監視のために毎日、管理画面を開くのは現実的ではありません（筆者の知人にはそういう人もいますが）。運用の自動化がクラウドの醍醐味ですので、課金の監視も自動化したいところです。

　主要なクラウドは課金のアラート機能を備えています。AWSでは「AWS Cloud Watch」の機能の一部、Azureでは「Billing Alert Service」という、そ

のものズバリのしくみがあります。いずれも月次の課金の「しきい値」を設定し、その月の利用料がそれを超えた段階で、メールなどで通知がくるようになっています。

注意したいのは、それらのアラート機能は課金を止めるしくみではないということです。意外と「しきい値を超えたら自動的に利用を止めて、それ以上は課金されない」と思い込んでいる人も多いので、気をつけましょう。

もしそのような機能が必要なら、自分でプログラミングして作り込むことは可能ですので、挑戦してみてください（自動で停止させるサービスをどれにするのか決定するところが難所だと思います）。ただ、自動で止めても問題ないようなサービスなら、使っていること自体が無駄なので最初から止めるべきという考え方もあります。また、一定額以上の課金を完全に止めるためには、利用中のすべてのサービスを止めて、データも削除する必要がありますので、それが現実的かどうか考えておきましょう。

図1　AWS Cloud Watchの課金アラート機能「請求アラーム」設定画面

Section 02 障害の乗り越え方

クラウドのシステム運用においては、「障害への対応」がオンプレミスの場合と大きく異なります。根本的な考え方の違いを理解して、従来のように「原因の特定」にこだわるのではなく「業務を継続させること」に注力しましょう。

● クラウドでも障害は起こる

クラウドでもオンプレミスでも、障害は発生します。どちらの環境でも起こることはそう変わりません。少し例を挙げてみましょう。

- **物理的障害**
  - サーバ (インスタンス) の物理障害
  - ストレージの物理障害
- **プロセスなどの過負荷**
  - サーバの過負荷 (アクセスできないなど)
  - ストレージの過負荷 (書き込み遅延など)
- **一時的で原因不明な事象**
  - ネットワークの一時的な不通や遅延
  - ブラウザの表示の乱れ (リロードしたら解消する程度のもの)

これらのうち「物理的障害」と「プロセスなどの過負荷」は、実際にサーバが止まったり処理に時間がかかったりするので、業務に影響が出てしまいます。「一時的で原因不明な事象」は、ビジネス的な影響は軽微かもしれませんが、監視データの欠損や異常発生のログなどの形で記録に残りますし、何か大きな障害の予兆ということも考えられます。

● 従来は「原因の特定」を重視

従来、オンプレミスで業務に影響するような障害が発生した場合、ほとんどのIT担当者は原因の徹底追求と再発防止の報告に注力していました。たと

えば、サーバが物理的に破損して業務が止まった場合には、その原因を切り分けて特定（CPUボード、メモリ、電源、ネットワークカードなど、どの部品が壊れたか）し、対応方法を明記（「メーカの保守担当者に交換させた」など）するとともに、同じことが起きないようにどのような工夫をしたか（「より品質の高い部品を使った」「電源は二重化した」など）を報告したものです。会社の業務に影響を与えてしまった「お詫び」の意味もあったかもしれません。

　さらには、原因追及のために障害を「残しておく」場合もありました。サーバが過負荷状態になって業務が停滞していたとしても、なぜ過負荷に陥ったのかを特定するために、しばらくそのままにして調査をするというやり方です。サーバを再起動すれば障害は解消しそうだとわかっていても、それができない――本来は業務を助けるはずのシステムですので、やや本末転倒な感もあるのですが、しばしば業務自体よりも再発防止のための調査が優先されることがありました。

● コンピュータはペットから家畜へ

　このような対応をしていたのは、オンプレミスのコンピュータリソースが「限られたもの」であり、かつ「多額の予算によって購入されたもの」だからです。つまり、「貴重な存在」だったので、ていねいに扱われていたのです。

　クラウド以前には、コンピュータは「ペット」だったという意見があります。家族の一員のように大切で、常に優しく接し、病気になれば（障害が起きれば）すぐに医者（保守要員）を呼んで最大限のケアをして、二度と病気にならないように手を尽くす、というわけです。マシンの1台1台に、思い入れのある名前を付けていた人もいました（筆者も経験があります）。

　クラウド時代になると、コンピュータはペットではなく「家畜」とみなされるようになります。牧場にたくさん飼われている動物を思い浮かべてください。家畜一頭一頭には名前はありません。管理番号のようなものはあるかもしれませんが、愛嬌と思い入れのある名前が付けられることはありません。病気になれば処分されてしまうでしょう。医者を呼んで看病するよりも、ほかに優先すべきこと（＝ビジネス）があるのです。さっさと別の元気な家畜を手配したほうが効率的で話が早いというわけです。なんだかひどい話に聞こえますが、クラウドにおいてはコンピュータの扱いなど、この程度のものなのです。

● こだわりを捨ててビジネスを優先する

　そのように根本的な考え方を切り替え、クラウド上のインスタンスに障害が起きたなら、そんなインスタンスはさっさと捨てて別のインスタンスに乗り換えてしまいましょう。第6章Section 02で「Design for Failure」という考え方を紹介しましたが、「障害は起きるもの」なのです。起きたら起きたで「そんなこともあるさ」と割り切って、業務（ビジネス）を継続させることに注力しましょう。

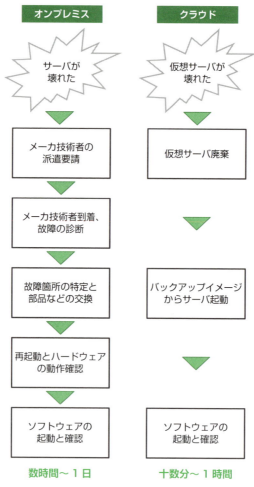

図2　オンプレミスとクラウドの障害対応のイメージ
※冗長構成でない例。データの取り扱いについては割愛

オンプレミス時代の癖で「原因特定と再発防止」にこだわっても、よいことはありません。クラウドベンダに問い合わせればインスタンスに障害が起きたことは認めてくれると思いますが、それ以上は何も情報が得られないのが普通です。まして、一時的なものであれば原因すらわからないことが多々あります（これはオンプレミスでも同じです）。

　「それでは困るじゃないか」と怒るユーザもいますが、「原因がわからないとあなたの仕事にどんな影響があるのですか？」と問われると、とくに何もないことに気づくでしょう。「再発防止が行われず、同じ障害が起きるのでは？」と心配する必要もありません。障害が起きたらクラウドベンダ自身も利用料金が取れなくなり、困ってしまいます。せっかくの巨額な投資が無駄にならないように、トラブルを減らす工夫は常時行われていると考えてよいでしょう。ユーザがクラウドベンダに成り代わって、細かいところを心配する必要はまったくないわけです。

　そんなことよりも「今、自分の業務は正常に継続できているか」「できていないとすれば、次に何をすればよいか」ということを常に念頭に置くようにするべきです。それがクラウド時代における運用のコツといえるでしょう。

Section 03 サポートを使いこなす

個人アカウントでの「お試し」利用の間はともかく、会社として正式にクラウドを導入する際には、サポートサービスへの加入が不可欠です。クラウドに移行するシステムの規模や重要度に応じて、最適なプランを選びましょう。

● 有償サポートを利用する

　主要なクラウドサービスは、サポートサービスを充実させています。クラウドサービスの利用料とは別に追加費用[注1]が発生しますが、ビジネスでクラウドを使う際には絶対に加入しておいたほうがよいでしょう。いざというときにクラウドの「中の人」とコミュニケーションできる安心感は絶大です。

　AWS、Azure、GCPは、いずれも4レベルのサポートプランを用意しています。月額費用が固定のものと、クラウドサービス利用料によって変動するものがありますので注意しましょう。

- **AWS サポートのプランを選択**
  https://aws.amazon.com/jp/premiumsupport/signup/
- **Azure サポート内容の比較**
  https://azure.microsoft.com/ja-jp/support/plans/
- **GCP サポートパッケージの比較**
  https://cloud.google.com/support/?hl=ja

● サポートプランの確認ポイント

　自分（自社）が抱えているシステムの重要度に応じて、サポートプランを選択します。ポイントは次の2点です。

- 目標初回応答時間
- サポートの範囲

注1　クラウドベンダによっては、複数サポートプランのうち最小レベルのプランを無料で提供しています。

システムの規模が小さく、重要度も低い（たとえば開発環境として使っているなど）のであれば、緊急を要するサポートは不要と割り切ることができます。問い合わせの内容も、クラウドの機能の仕様確認や、クラウドが期待どおりの動作をしなかった場合の確認などがメインになるでしょう。夜間や休日のサポートも必要ないでしょう。これなら最小レベルのサポートプランで十分です。

　抱えているシステムが大規模になり、ミッションクリティカルな業務を含むようになると、万が一の障害発生時には迅速な対応や確認作業が必要です。このような場合には、24時間365日のサポートが受けられて初回応答時間も短い、高レベルなサポートプランに加入するべきです。

● とにかく体験してみる

　サポートの品質については、なかなか事前に確認する方法がありません。体験談を掲載しているブログなどをチェックするのもよいかもしれませんが、自分のことではないので、リアリティがいまひとつです。やはり、実際に体験してみるのが一番です。

　クラウド利用を小さい規模で始めて、なるべく早い時期（本格的な利用に至る前）にサポートを使ってみることをおすすめします。最初は「素人質問」でもよいのです、むしろ、そういうときにどう対応してもらえるか、よく見ておきましょう。

● サポートを味方につける

　クラウドの利用はセルフサービスが原則ですので、実際にトラブルを解決するのはユーザ本人となることが大半です。しかし、自分1人で解決できる問題ばかりではありません。そのようなときに、サポートは心強い味方になります。

　効率的な課題解決のためには、サポートとのコミュニケーションを円滑にすることが大切で、これには少々慣れが必要です。その意味でも、早い段階でのサポートサービスの体験をおすすめします。

Section 04 攻めの運用を考える

ここまで、クラウドを使った運用について見てきました。オンプレミスのシステムとは「運用」のとらえ方そのものが大きく変わりつつあります。こうした中で最近注目されている新たなキーワードの1つが、「攻めの運用」です。

● 従来の「運用」のイメージ

システムの「運用」というと、「守り」「固定化」「変化させない」「昨日と同じことを淡々とやる」などといったイメージがあります。

システム運用の担当者や担当部門は、会社からはコストセンタに見えており、付加価値が低いかのように思われがちです。また、減点法で評価される（何も起きなくて当然で、トラブルが起きれば評価が下がる）ので、能動的に本番システムを変更していくリスクテイクには慣れていないイメージもあります。

筆者も長年、そう考えてきました。

● クラウドが可能にした「攻めの運用」

最近はクラウドの影響もあって、様子が違ってきています。「攻めの運用」という言葉が盛り上がりを見せています。「運用」なのに「攻める」という点が興味深いところです。クラウドによって初めて可能になった概念だと筆者は考えています。

この言葉は次のような意味で使われています。

- 受け身体質ではビジネスに貢献できない。評価もされない。運用部門は生まれ変わろう
- エンドユーザをお客さまと考え、自分たちは「サービサー」という自覚を持とう
- 運用業務に改善すべき点がないか、日々考えよう

とくに、最後の項目が具体的なアクションにつながっています。たとえば次のようなことを意識した取り組みです。

システムの維持コストや無駄なリソースの削減

たとえばCPU利用率の低い仮想サーバがあったら、一段低い性能のインスタンスに切り替えてみるという方法があります。オンプレミスでは考えにくいのですが、クラウドではいつでもすぐに試すことができます。性能を下げてみて実務に影響が出なければ、コストダウンのメリットが得られます。

エンドユーザからのリクエストに対する対応速度向上

サーバを追加してほしい、ストレージを増強して欲しいなどの要望がエンドユーザから寄せられることがあります。IT担当部門はこれに応えていく必要があり、要望を受けてから実現するまでの時間をできるだけ短くする努力をします。クラウドを使えば技術的には極めて短時間で提供できるのですが、事前の承認や予算の確認などの事務面で手間取ることも多いようです。このようなプロセスも常に見なおしを図ります。

スタッフの工数がかかっている部分の自動化

オンプレミスでは、全社で利用するサーバ数が増えていくと、IT担当部門も人員を増強するのが一般的でした。思うように増員できなければ残業や休日出勤が増えていくということも珍しくありません。クラウドの特性を活かし、プログラミングなどで自動化を図ることができれば、全体的な工数を減らすことができます。スタッフの数を減らすのは難しいかもしれませんが、今まで以上に戦略的なITプランニングやエンドユーザ向けのサービスに時間を割けるようになります。

障害の事前防止

クラウドでは利用中のリソースについてさまざまなメトリックス[注2]を取得することができます（オンプレミスでも可能ですが、手間とコストがかかります）。「CPU利用率が100％に張りつきやすいな」「ディスクの利用率が80％

注2 「計量値」を意味する言葉で、ここではコンピュータの状態をさまざまな尺度で監視・測定した結果のことです。障害発生時の原因追求や障害の予防に役立ちます。本文中に挙げた例のほかには、ディスクの入出力やネットワークの入出力などを見ることがあります。

を超えてしまった」などといったような、トラブルの予兆を的確に捉えることが可能です。また、クラウドであればインスタンスの（より高性能なものへの）切り替えやストレージの増強も極めてかんたんに行えます。IT担当者が能動的に動くことで、障害の発生を予見し、かつ予防することが可能になっているのです。

障害発生時の対応力向上

　事前防止に取り組んでも、障害が発生してしまうことはあります。その際には昼夜を問わず迅速に動く必要があります。クラウドであれば、夜中に自宅から本番環境のサーバを入れ替えることも可能です（権限の管理には気をつけたいところですが）。自動化の機能を駆使すれば、障害の検知から初動アクションまでを人手を介さずに処理させることも可能です。さらに、障害発生を想定した予行演習も、クラウドなら低コストかつ短時間で実施できます。「日頃から運用の体制を鍛える」というのも「攻めの運用」の1つの側面ですが、クラウドではそれが非常にやりやすくなっています。

● じっくり着実に取り組む

　いずれも本番環境に直接手を入れますので、基礎知識なしにいきなり取り組むのは危険ですが、自動化やルールの変更などをひとつひとつ確認しながら、徐々に全体の効率を上げていくことは可能です。検証が必要な部分は、別環境を用意して実験をするとよいでしょう。

　最終的なゴールとして、「攻めの運用」で得られた成果を会社にアピールする方法を考えておきましょう。古い運用の雰囲気に長年浸っていると、そのようなアピールにも不慣れだと思います。せっかく会社のために知恵を出し、勉強して、手も動かすのですから、きちんと評価してもらうよう心がけましょう。

クラウドのエキスパートになるには

第8章まで、クラウドの基本的な知識や使い方を概観してきました。クラウドを実際に使い始めてからも、学ぶべきことはたくさんあります。ここでは、幅広い知識・情報を得られるクラウドのユーザコミュニティや「クラウド虎の巻」ともいえるノウハウ集などを紹介します。

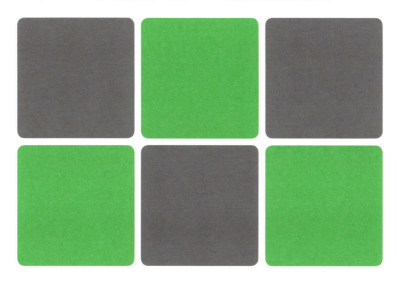

Section 01 コミュニティに参加する

IaaS系のクラウドでは、ユーザ主体のコミュニティ活動が活発です。コミュニティに参加することで、新しい知識を得たり、ユーザ同士で情報交換したり、会社や立場を越えた人とのつながりを広げたりすることができます。

● ユーザによるユーザのためのコミュニティ

クラウドの広がりとともに、ユーザが自主的に集い、運営するコミュニティ（「ユーザ会」や「ユーザグループ」などと呼ばれます）も増えてきました。コミュニティでは、ユーザ同士で興味のあるクラウドについて使い方を学んだり、苦労話をしたり、自慢話（？）をしたり、時にはクラウドベンダへの要望をまとめたりしています。

表1　多くのコミュニティに共通する特徴

名前	アルファベットの略称で呼ぶことが多い
ロゴ	カラフルで楽しい動物などのキャラクターを使ったロゴマークが主流
運営主体	複数のユーザが主体となって運営
クラウドベンダ	会場提供、差し入れ、講演者として参加など、運営主体ではなく支援する立場
参加メンバ	ユーザ企業やIT系企業の人を中心に、個人事業者や学生も多数
スキルレベル	問わず（初心者も歓迎される）

● コミュニティが主催するイベント

コミュニティのイベントは、全国から数百名のユーザを集めて2日がかりで開催するような大規模なものもありますが、頻繁に実施しているのは数名～100名程度の「勉強会」や「ミーティング」といわれる小規模イベントです。

多くの場合、小規模イベントの参加費は無料で、ユーザが勤務時間外で参

加しやすい平日の夕方以降や土日などに開催されます。1回あたり2時間～半日程度で、途中での出入りは自由、ミーティング終了後は懇親会（飲み会。こちらの参加費は実費です）といったように、カジュアルなスタイルです。

基本的にボランティアで運営されていますので、コストがかからないように運営上いろいろな工夫があります。

表2　コミュニティイベント運営の工夫

会場	メンバの会社やクラウドベンダの会議室、セミナールームを借りる
開催告知	FacebookやTwitterなどのSNSを利用
参加受付	「こくちーず」「Doorkeeper」「EventRegist」などのイベント管理サービスを利用
スタッフ	会場誘導係、司会進行役、発表者（プレゼンする人）など、すべてボランティア

イベントが始まると、およそ次のように進行します。

まず、誰が何をテーマに話すか、事前に発表されます（アジェンダといいます）。これはギリギリまで決まらないこともあります。そして、アジェンダに沿ってプレゼンテーションが順次行われます。持ち時間は、1人あたり10～20分といったところです。1つのプレゼンが終わると簡単な質疑応答があり、発表者に拍手をして、次に進みます。

通常のプレゼンだけでなく、パネルディスカッション（パネディス）が行われることもあります。立場の異なる3人以上が登壇し、1つのテーマをさまざまな角度から議論します。

また、ライトニングトーク（LT）の時間が設けられることもあります。アジェンダにない飛び込みでの発表で、基本は1人あたり5～10分以内の時間厳守です。上手なLTは拍手喝采を浴びます。

プレゼンがすべて終了したら、会場を片付けて、懇親会の会場（近所の居酒屋など）へ移動します。

● おもしろくてためになるプレゼン

プレゼンの内容は、ベンダの製品紹介や企業の公式発表とは異なり、フォー

マルなものはほとんどありません。参加者が自分の知見や考えを、自分の言葉で語ります。これがコミュニティイベントの醍醐味です。ちなみに、自分の所属する企業名を伏せて話す人もいます。

聞く側は「おもしろくてためになる」プレゼンを期待していますので、発表する側も期待に応えようと、さまざまな工夫をしています。自慢話は「真似をすべき」情報で、苦労話は「同じ目に遭わない」ための情報です。いずれも貴重なものです。こういう情報を「みんなと共有したい」というパッションが発表の動機になっています。

なお、プレゼン資料が紙で配付されることは、ほぼありません。ほとんどはSlideshareなどのサービスで後日、共有されます。内容が過激なので、発表者の意向により「その場限り」となる資料もあります。

いずれは発表する側に

中には、「素人さん」の素朴な発表もあります。「クラウドと何の関係があるんだろう？」という内容も混ざっていたりします（まれに熟練者がやらかすこともあります）が、参加者は暖かい目で見守ります。

プレゼンは、もちろん聞いているだけでもためになりますが、自分がプレゼンをする側にまわると何倍も勉強になります。コミュニティに参加するなら、いずれ発表できるようになりましょう。

とくに、LTは「何をしゃべるんだろう？」と会場の期待が高まっている中で、的確な内容を簡潔にまとめて伝えるスキルが求められます。普通のプレゼンより難易度が高いですが、一度は挑戦してみたいものです。それを参加の目標にしている人も、たくさんいます。

● 主要なクラウドのコミュニティ

AWSの「JAWS-UG」

AWSには「JAWS-UG」というコミュニティがあります。「Japan AWS User Group」の略で、映画「JAWS（ジョーズ）」になぞらえたサメのロゴマークが目印です。ここ数年で急拡大し、ほぼすべての都道府県に支部があります。それぞれサメのマークをご当地風にアレンジしています。

神奈川県には「横浜支部」「湘南支部」の2つの支部が、東京都には「東京支部」のほか「中央線支部」「京王線支部」「クラウド女子会」があります。

JAWS-UG横浜支部　　　　JAWS-UG京王線支部　　　　JAWS-UGクラウド女子会

図1　JAWS-UG (http://jaws-ug.jp/)

Azureの「JAZUG」

Azureのコミュニティは「JAZUG」で、「Japan Azure User Group」の略です。こちらもAWSに負けじと全国展開しており、北は札幌、青森から、名古屋、関西を経て、南は福岡、沖縄まであります。

JAZUG　　　　　　　JAZUG女子部

図2　JAZUG (http://r.jazug.jp/)

SoftLayerの「JSLUG」

SoftLayerも、近年コミュニティが育っています。名前は「JSLUG」といい、「Japan SoftLayer User Group」（日本SoftLayerユーザー会）の略です。まだ新しいコミュニティですが、福岡支部があります。ロゴマークはカタツムリをアレンジしています。

JSLUG　　　　　　JSLUG女子部　　　　　JSLUG FUKUOKA

図3　JSLUG (http://jslug.jp/)

Section 02 公式情報をチェックする

網羅的・体系的な情報や新サービスの予定などを知るには、クラウドベンダの公式情報も定期的にチェックするとよいでしょう。ほかに、クラウドに精通したシステム開発事業者や有益な情報を発信している個人のブログもあります。

● 公式情報の探し方

クラウドベンダ各社も、公式のWebサイト上に山のように情報を載せています。適宜、検索するなどして必要な情報を探しましょう。その際に気をつけたい点を挙げておきます。

ページの構造が頻繁に変わる

クラウドは変化が早いので、公式Webサイトのデザインや構成も頻繁に変更されてしまいます。それだけダイナミックに進化しているサービスなのです。正面（トップページ）から探すよりも、検索サービスに頼ったほうが効率がよいでしょう。

英語のページに行き着くことも多い

細かい情報を突き詰めていくと、最後の最後は日本語化されておらず、英語のままということがあります。比較的単純な英語が使われることが多いので、少しがんばれば（慣れれば）読み進めることができるでしょう。日本語のページでも、機械翻訳によるものなどは意味がわかりにくいことが多く、結局は原文（英語）を確認することになります。

また、リリースされたばかりの新しい機能について、最初は英語の情報しか存在しないこともあります。企業システムでクラウドを利用する場合、「新サービスを1日も早く利用しなければならない」という状況はあまり考えられないのですが、機能の拡張や利用上の制限の緩和、新価格体系などは、英語のページでも早期にチェックしておきたいところです。

最新情報は公式ブログをチェック

新サービスに関するかんたんな概要は、それぞれのベンダの「ブログ」に掲載されることもあります。ブログの情報は網羅性が乏しいのですが、新しく、かつ、ポイントを絞っていますので、一読の価値があります。

図4　AWS Blog (https://aws.amazon.com/jp/blogs/news/)

情報を知るきっかけはSNSが主流に

新サービスや新価格体系の案内など、新しい情報は毎月のように出てきます。いちいち新聞発表などはされず、新情報が発表されたことを把握するのはなかなか難しいのが実情です。ベンダ側も、TwitterやFacebookなどのSNSを活用して告知していますので、積極的にフォローしましょう。

図5　Google Cloud JP (https://twitter.com/googlecloud_jp)

無料セミナも多数開催

クラウドベンダが主催する小規模なセミナやイベントも増えています。その多くは、無料です。座学だけではなく実際に手を動かす（ハンズオン）形式のものも目立つようになりました。

開催地も、かつては首都圏のみだったのですが、最近は地方でも活発に行われています。また、オンラインでも開催されており、参加しやすくなっています。

● コミュニティには負けられない？

最近、クラウドベンダが行っている情報発信のスタイルは、ユーザ主体のコミュニティのスタイルに近いものが多くなっていると感じられます。手間をいとわず、このようなスタイルを採ることで、ファンを増やそうとしているように思われます。ユーザ側の私たちとしては、このような機会を積極的に利用したいところです。

● 第三者の情報も要チェック

コミュニティやベンダ以外の、プロフェッショナルの存在も見逃せません。たとえば、クラウドに深くコミットしているシステム開発事業者（クラウドインテグレータ）や技術者です。自身の実績やノウハウのアピールを兼ねて、クラウドの最新機能を「試してみた」「さわってみた」「こんなの作ってみた」「ここは苦労した」といった情報を、猛烈な勢いで発信しています。本家（クラウドベンダ）が日本語で発信するよりも情報が早いこともあるほどです。

この分野では、クラスメソッド社のブログ「Developers.IO」が有名です。筆者も必ずチェックするようにしています。

- **Developers.IO**
  http://dev.classmethod.jp/

クラウドに精通したブロガーもいます。次のお二人はよく知られたブロガーですので、チェックしておくとよいでしょう。ブログメディア「Publickey」を運営する新野淳一氏は、海外発の情報の咀嚼と評論に定評があります。林

雅之氏は9年以上にわたり毎日、ブログ「『ビジネス2.0』の視点」を更新しています。

図6　新野淳一氏「Publickey」(http://www.publickey1.jp/)

図7　林雅之氏「『ビジネス2.0』の視点」(http://blogs.itmedia.co.jp/business20/)

Section 03 クラウドデザインパターンを活用する

クラウド上のサービスを部品のように組み合わせて、自分の好みのシステムを作り上げることができます。この考え方の先には、設計そのものをパターン化してしまおうという発想があります。

● 最初はつらい「無限の可能性」

クラウドでは、複数のサービスを部品のように組み上げ、目的に合ったシステム基盤を作ることができます。「部品」となるサービス（機能）にはさまざまなものがあり、たとえば、あるサービスの一部機能を、別のサービスの機能で部分的に肩代わりさせることも可能です。同じシステムを設計しても、技術者が10人いれば、やり方は10通りあるでしょう。「可能性は無限」なのです。

しかし、これが初心者にはつらいところです。「やりたいこと」があったとして、クラウド上で必要なシステム基盤を作る際に、どこを足がかりに何から始め、何から決めればよいのか、わからなくなってしまうかもしれません。サービスごとに細かい設定も必要です。クラウドに詳しい人なら「普通にやればいいだけ」かもしれませんが、その「普通」が初心者にはつかみにくいのです。

● ベストプラクティスを参考に

そこで、「過去の優れた事例を参考にする」ことが有効です。優れた事例・やり方のことを「ベストプラクティス」といいますが、クラウドはベストプラクティスの宝庫です。SlideShareやYouTube、クラウドベンダのWebサイトなどに、さまざまな情報が掲載されています。

ユーザ企業自身による発表もあります。各社の担当者が、どのような理由でクラウドを使い、どのような構成を選び、そこにどんなメリットがあって、どんな効果を得たのか、課題は何かなどをユーザの立場で語っています。

それらを眺めながら「セキュリティを重視して、こういう構成にしたのか」

「パフォーマンスを優先したいときは、これを使うといいんだな」といった具合に読み解いていくと確実に勉強になり、設計の大きなヒントになります。

● デザインパターンを取り入れる

　事例から学ぶところも多いのですが、徐々にじれったさを感じるようになるかもしれません。公開されている膨大な事例から、自分が必要とするケースを探すのは意外と手間がかかります。

　やはり、自分に合ったベストプラクティスをサクッと探し出したいところです。たとえば料理本のように、最終的に作りたいモノ（料理）とそのレシピ（材料の組み合わせと実現方法）がズラリと掲載されているものが欲しくなります。そこで、有志が集まって知恵を出し合い、成果をとりまとめたものが「クラウドデザインパターン」です。

　デザインパターン（design pattern）とは、もともとはプログラミングの設計に関する言葉です。「解決したいビジネス上の課題」と「その場合のプログラムの設計」について優秀な先人たちのノウハウを集めた、一種のベストプラクティス集といえます。それをクラウドに応用したのが、クラウドデザインパターンというわけです。実績のあるデザインパターンを取り入れることで、クラウド上のシステム設計を適切かつ効率的に進められるようになります。

Webで公開されているデザインパターン

　AWSとSoftLayerは、Webでデザインパターンが公開されています。Azureにもありますが、残念ながら英語のみのようです。

- **AWS**「**AWSクラウドデザインパターン（beta）**」
  http://aws.clouddesignpattern.org/index.php/
- **SoftLayer**「ソフトレイヤー活用ガイド第3部『デザインパターン』」
  https://www.change-makers.jp/docs/softlayer-design-pattern
- **Azure**「**Cloud Design Patterns: Prescriptive Architecture Guidance for Cloud Applications**」
  https://msdn.microsoft.com/en-us/library/dn568099.aspx

デザインパターン関連書籍

クラウドデザインパターンの書籍も多数発刊されています。

- 『**Amazon Web Service クラウドデザインパターン設計ガイド 改訂版**』
  玉川憲、片山暁雄、鈴木宏康 著／日経BP社／ 2,916円（税込み）

- 『**Amazon Web Services クラウドデザインパターン実装ガイド 改訂版**』
  大澤文孝 著／玉川憲、片山 暁雄、鈴木宏康 監修／日経BP社／ 4,104円（税込み）

- 『**クラウドデザインパターン Azureを例としたクラウドアプリケーション設計の手引き**』
  Alex Homer、John SharpLarry Brader、Masashi Narumoto、Trent Swanson 著／日本マイクロソフト、Japan Azure User Group 監訳／日経BP社／ 3,240円（税込み）

第 **10** 章

主要クラウドサービスの紹介

最近はIaaS系のクラウドサービスも増えてきましたが、やはりその中でも抜きん出ているのが、序章以降で適宜触れてきた「AWS」「Azure」「GCP」「SoftLayer」です。ここではSaaSの代表である「Salesforce」も加え、それぞれの特徴を見ていきましょう。

Section 01 Amazon Web Servicesとは

AWS（Amazon Web Services）は、Amazonのクラウドです。ネット系とはいえ企業ITの世界とは畑違いに思える小売事業者のAmazonが、なぜクラウドサービスを手がけ、世界最大の規模にまで拡大できたのでしょうか。

● 原点はオンライン書店の裏方

　オンライン書店を原点として、書籍以外にも家電製品やファッションアイテムなど幅広く販売する巨大ECサイト（オンラインショップ）のAmazon。日本だけでも年商1兆円規模、扱う商品は2億種類以上にのぼり、日本人のほぼ半分がユーザだと考えられます[注1]。

　筆者はAmazonを使い始めてから15年ほどたちますが、今でも当時の購入記録をAmazonのWebサイト上で一瞬のうちに表示させることができます。そのほかにもさまざまなサービスや機能がありますので、Amazonの裏側では、膨大な量のコンピュータリソースが動いていることがわかります。世界中で事業展開していることを考えると、おそらく数万台は利用しているのではないでしょうか。

　それだけの膨大なコンピュータの管理をするのは大変な手間とコストがかかりますが、よく考えるとそれはAmazonにとって「本業」ではありません。ここでいくらがんばっても、売り上げは上がらないのです。また、Amazon 1社で世界中にデータセンタを手配したり、コンピュータを買い込んだりすると、そのコストは当然すべてAmazonが負担することになります。Amazonはさまざまなサービスを低コスト（ほとんどは無料）で提供していますが、「裏方」にすぎないコンピュータに多大なお金をかけていては、このようなサービスは維持できないでしょう。

注1　Amazon.co.jpの月間ユニークビジター数がパソコンで1,753万、モバイルで3,025万と発表されています（https://services.amazon.co.jp/services/sell-on-amazon/marketing.html）。筆者は、両者に重複が少なく、同月にアクセスしなかった人が全体の30％程度はいると考え、全ユーザ数は（1,753万＋3,025万）÷（1－0.3）≒約6,800万人と推計しています。

図1　大量のコンピュータの調達や管理は頭の痛い問題

● 革新的な「共同利用」

　そこでAmazonが考えたのが、「大量仕入れ」と「共同利用」といわれています。自分の会社のために必要なリソースの何十倍ものコンピュータを用意し、これらを他社にも貸し出すという方法です。

　利用者が増え、コンピュータの数が増えるほど、コンピュータ1台あたりの利用コストが下がっていきます。結果として、Amazonを含むすべてのユーザが低コストでコンピュータを利用できるようになるわけです。実際に、一部のリソースは個人のお小遣いで使えるくらい低コストです。これがAmazonのクラウド「AWS」の原点です。

　この「コンピュータ提供サービス」をAmazonの子会社であるAmazon Web Services（AWS）社が運営しています。Amazon本体は、「AWSのユーザ企業の1つ」という位置づけになるようです。

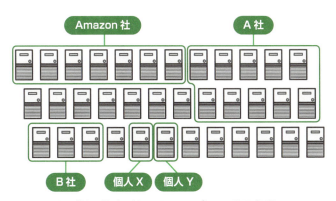

図2　「共同利用」で低コストなコンピュータ利用が可能に

● 膨大なリソースを保有

現在、AWSは世界中で100万社以上のユーザ企業が利用しているとされています。ユーザ1社で数千台の仮想サーバを使う例も珍しくありません。AWSは毎年数十万台のサーバ類を追加[注2]していると推定されます。AWS全体でのサーバ保有台数は300万台以上[注3]という説もあります。日本のサーバの出荷台数が年間で56万台[注4]だそうですから、とてつもないスケールであることがわかります。

● 企業向けの豊富な機能

AWSは、サーバ（インスタンス）を貸しているだけではありません。それ以外にもさまざまな機能を提供しています。図3はAWSの管理画面（AWSマネジメントコンソール）です。

図3　AWSのサービス群(AWSマネジメントコンソール)

アイコンひとつひとつがAWSの機能を表しています。ここに含まれていない機能もありますが、とにかく数が多いことがわかるでしょう。実際に、IaaSの中ではもっとも機能が豊富といわれています。さらに、これらは頻繁に機能強化されたり性能が向上したり、価格が下がったりしています。

なお、世界的なIT調査会社のガートナーは、世界のIaaS業界の中でAWSを6年連続で「No.1」と評価しています[注5]。

注2　AWSは2011年3月以降の5年3ヵ月の間に9つのリージョンを新規開設しています。1リージョンあたりのデータセンタは3つ、1データセンタあたりのサーバは5万台と仮定すれば、この間に追加されたサーバは135万台（9×3×5万）、年間平均では約25万台と推計されます。いずれも控えめな仮定で、実際はもっと上ではないかと推察されます。

注3　公式発表の数字をベースに、AWSが保有するデータセンタを56ヵ所、1データセンタあたりのサーバ台数を6.5万台と推計しています（http://www.atmarkit.co.jp/ait/articles/1411/21/news034.html）。

注4　2016年IDC調べ（http://www.idcjapan.co.jp/Press/Current/20160328Apr.html）。

注5　AWSのWebサイトでガートナーによる「2016 Magic Quadrant for Cloud Infrastructure as a Service, Worldwide」の評価が紹介されています（https://aws.amazon.com/jp/resources/gartner-2016-mq-learn-more/）。

Section 02 Salesforceとは

> Salesforceも「No.1クラウドベンダ」といわれています。本章のほかのクラウドとはタイプが異なり、Salesforceは「SaaS」です。本書はIaaSをメインに解説していますが、参考までにSaaSのNo.1ベンダも紹介します。

● ASPからSaaSのNo.1ベンダへ

Saleforceは、salesforce.com社[注6]が提供しているSaaSです。同社は1999年に設立されましたが、このころ、IT業界では「ASP (Application Service Provider)」がブームでした。ASPとは、業務アプリケーションをインターネット経由で利用する形態のサービスのことです。ユーザはインフラ（サーバ）の管理について考える必要がなく、ブラウザだけで利用できます。今でいうSaaS型クラウドの原型といってもよいでしょう。

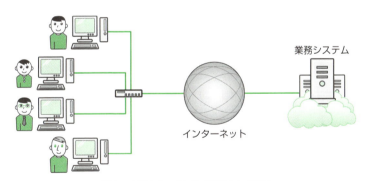

図4　ASPもSaaSも構成はほとんど同じ

同社が最初に提供した業務アプリケーションがSFA (Sales Force Automation) でしたので、Saleforceの名が付いています。SFAとは、おもに企業の中で「営業」を担当する人の業務（案件管理や予算管理など）を支援するためのアプリケーションです。

設立当初から、企業向けのアプリケーションの提供に特化していますので、

注6　URLと紛らわしいのですが、正式な社名が「salesforce.com」です。「SFDC」と略されることもあります。日本法人は「株式会社セールスフォース・ドットコム」です。

個人の利用は想定していません。ユーザ単位の月額課金で、ユーザの人数には制限がありません。数人から数万人まで、同じ機能のアプリケーションをすぐに使えるのが特徴です。

たとえば、京都に複数の店舗を持つ料亭が、お得意先のお客さまの管理に使っている例があります。これは十数人のスタッフで利用しているようです。郵便局が6万5,000ユーザで使っているという報道もありました。いずれも既存のSaaSを（多少はカスタマイズすると思いますが）、ほぼそのまま活用していると思われます。

「ユーザ数に応じた課金で、無駄がない」「インフラに関する心配から解放される」という特性を、salesforce.comは「民主化」と呼んでいます。高価な業務アプリケーションの購入や、サーバ保守要員を抱え込むなどというのは、資本力を持った大企業にしかできないことです。そのようなことを不要にし、小企業も大企業も「ユーザ単位の課金」で平等に扱われるようにするのが「民主化」ということのようです。

● 年に一度の大イベントでSalesforceを知る

Salesforceに興味のある人は、同社のイベントに参加するとよいでしょう。主要な都市では頻繁にセミナが行われており、オンラインのセミナもあります。圧巻なのは、年に一度の巨大イベント「Salesforce World Tour Tokyo」です。豪華な大会場を複数使い、著名人も招いて、熱気あふれるセミナを繰り広げています。筆者も何度か足を運びましたが、セミナルームの前がいつも大行列だったのが印象的でした。

Section 03 Microsoft Azureとは

パソコンやオンプレミスのサーバ向けソフトウェアでは馴染みの深いMicrosoft。クラウドの世界では当初遅れをとっていましたが、今日ではMicrosoft Azureのサービス拡充を図り、No.2のIaaSベンダとしてAWSを猛追しています。

● オンプレミスソフトウェアの雄

　ガートナーの調査によれば、Microsoftは、世界のIaaS業界の中でAWSに次ぐNo.2のベンダです。今でこそクラウドでこれほどの地位にある同社ですが、よく考えれば、もともとはオンプレミス向けのソフトウェア製品で急成長した「オンプレミスソフトウェアの雄」です[注7]。「クラウド」とは対極の存在であったことは間違いなく、Azureについても社内でも紆余曲折があったようです。

　かつて「Microsoftは本格的にクラウドに舵を切る」という報道が毎年のように繰り返されてきました。意地の悪い見方をすれば「長年にわたって舵を切るのを失敗してきた」と感じられます。2015年あたりから、ようやく落ち着いてきた（舵を切り終わった？）ようです。

● 3種類のサービスを提供

　Azureのサービスは、大きく3種類に分類できます。PaaS型、IaaS型、そしてスイート型です（3つめのスイート型は、筆者独自の分類です）。どのようなものか、ざっと見ていきましょう。

PaaS型サービス

　Azureではもっとも古くから（2010年から）あるサービスです。現在は「クラウドサービス」（Cloud Services）と呼ばれています。Windowsサーバ上でWebアプリケーションを開発したことがある人なら、その便利さが実感でき

注7　コンシューマ向けにHotmail（現在はOutlook.comに統合）やOneDrive、Bingなど、クラウド的なインターネットサービスも提供していますが、無料のユーザが多く、同社にとって大きな収益源ではなさそうです。

るでしょう。

　このサービスを利用すれば、サーバやネットワークの細かい設定を気にする必要がありません。それらはすべてAzureが行い、半自動的にアプリケーション実行環境が立ち上がります。ユーザはWebアプリのプログラムを書いて、Azureにデプロイするだけです。インターネットに公開するにせよ、社内で限定的に使うにせよ、このタイプの開発と運用に役立つ機能がいろいろ提供されています。

　いうまでもありませんが、PaaSなので手持ちのパッケージソフトなどをインストールすることはできません。この点で自由度が低いこともあり、AzureはAWSなどのIaaS型クラウドに大きく水をあけられていました。そこでMicrosoftは起死回生の一手を打ち、IaaSへ参入します。

IaaS型サービス

　Azureの中で「仮想マシン」（Virtual Machines）と呼ばれるサービスで、2012年から提供されています。AWSと真っ向勝負のIaaSです。出遅れている分だけAWSに比べると機能がまだ少ないのですが、そこはMicrosoftの資本力で、これから猛追することが予想されます。価格は「同じ性能なら、常にAWSより安くする」と決めているようです。

　AWSにない特徴として、オンプレミス側のシステムをMicrosoft製品で統一している場合には、オンプレミス〜クラウド間をスムーズに連携できることが挙げられます。さらに、東京近郊のみならず関西にもデータセンタ（リージョン[注8]）があるという点も、アドバンテージといえます。

スイート型サービス

　「スイート型」というのは本書独特の表現です。一般的に呼ばれているわけではありませんので、注意してください。このタイプのサービスは、「あるビジネス上の目的」のために必要なクラウドの機能がすべて組み合わされて用意されているものを指します。代表的なものは次の2つです。

Azure Media Services

　インターネット上のリアルタイムの動画配信のしくみです。世界中の何万

注8　Azure用語の「リージョン」については第3章Section 09を参照してください。

人という視聴者に、同時に動画を配信できます。視聴者が利用するデバイスは、パソコンやスマホ、ゲーム機などなんでもよく、一人一人のデバイスの種類に合わせて適切な配信方法（解像度など）が自動的に選択されます。インターネット上で「かんたんに放送局を持てる」と考えればよいでしょう。オリンピックやサッカーなどの世界的なイベントでも活用されていますが、それと同じものを誰でも使えるようになっています。

Azure Machine Learning

　機械学習[注9]に関するさまざまなツールやプログラムを、Web画面から自在に組み合わせて利用できるしくみです。データの取り込みから加工、最終的なアウトプットやデータ格納に至るまで、画面上でブロックを組み合わせるようにして作り上げることができます。従来は機械学習の専門家がハードウェアやソフトウェアを組み合わせながら試行錯誤していた作業を、短時間で安価に行うことができます。

　いずれの「スイート」も、あなたの会社の現状のビジネスとの関連は薄く見えるかもしれませんが、近い将来にこのような機能を必要とする機会が生まれないとも限りません。たとえば動画配信でいえば、支社・支店などの全社員に動画を一斉配信するしくみの導入を考えているユーザも少なくありません。機械学習は、小規模な小売店の売り上げ予測に実際に使われている事例があります。
　本書ではこれ以上深入りはしませんが、「そういうことを考えているユーザ企業もある」「そのような業務システムも、近い将来に検討することになるかもしれない」ということは頭の片隅に置いておくとよいでしょう。

● 圧倒的なブランド力

　社内システムをMicrosoftで統一している企業は珍しくありません。IT担当者がMicrosoft製品しか使わないと決めているケースも多いと思います。前述したように、オンプレミス側もクラウド側もMicrosoftで構成すると管理が楽になるという側面もあります（同じ管理ツールが使えます）。

注9　人間のような学習能力をコンピュータでも実現しようとする研究のことです。大量のデータを機械（コンピュータ）に読み込ませて分析し、有益なルールや法則、仮説を見つけ出します。データの種別や目的によりさまざまな手法が存在しますが、いずれも計算量が膨大となるため、大量のコンピュータを必要とします。

そもそも、これからクラウドを検討するユーザ企業にとって、「Microsoftか、それ以外か」というと、（機能や価格を比較する前に）付き合い慣れている前者に気持ちが傾くケースは決して少なくないでしょう。企業システムの実績が長い同社ならではのアドバンテージです。

● 情報量がまだまだ少ない

　Azureは機能も豊富でどんどん拡張しているのですが、日本語のドキュメントが追いついていないのが残念なところです。公式Webサイトの情報もあるにはあるのですが、知りたいところを掘り下げていくと突然英語になったり、リンクがおかしかったりします。また、Microsoft独特の用語・用法がありますので、読み解くのに時間がかかる場合もあるでしょう。これらの点も急速に改善していくと思いますので、今後に期待したいところです。

Section 04 Google Cloud Platformとは

「クラウド」という言葉を生み出したGoogleですが、IaaSとしての機能は正直いって、いまひとつです。しかし「便利な部品」として難しい処理を行ってくれるサービスが秀逸で、これらを柔軟に組み合わせて活用できます。

● 補完的な位置づけのIaaS

　Google Cloud Platform（GCP）[注10]には、「Google Compute Engine」（GCE）というIaaSサービスがあります。スケーラビリティ[注11]は非常に高いのですが、AWSやAzureのIaaSと比較すると機能が少なく、正直いって、エンタープライズ（企業システム）用途では使いにくいと思います。そもそもデータセンタが日本にありません[注12]。

　GoogleのIaaSは、後述するほかの（Googleの）サービスの補完的な位置づけと考えられています。ほかのサービスを使ってシステムを作る際、足りない機能やサービス間の複雑な連携を図る必要があるときにIaaSを使う格好になるでしょう。

　逆に「ほかのサービス」には、他社のクラウドにはないユニークなものが用意されています。その中から次の2つを紹介します。

- Google BigQuery
- Google API

● ビッグデータの解析基盤となる Google BigQuery

　GCPのクラウドストレージ上に大きなデータのかたまりを置いておきます。データはテキストで用意しますが、Excelのように行と列の形式にします

注10　2016年9月、Googleは「Google Cloud」という新しいブランド名を発表しました。その中のコンポーネントの1つとして「Google Cloud Platform」が位置づけられており、ここで紹介するIaaS型のサービスやAPIなどが含まれています。

注11　第1章Section 05で説明した「伸縮自在」のことです。スケーラビリティが高いとは、台数の増減が早い、条件設定が平易であるなどの点で優れていることを意味します。

注12　2016年3月に、GCP初となる日本国内リージョン開設予定が発表されました（同年内、東京に開設予定）。

（CSVやJSONという形式を使いますが、詳細は省略します）。このテキストは数万行から数億行に及ぶ場合もあります。データのすべての行を読み込んで、集計処理を行います——Webのアクセスログ解析や、IoT[注13]で集めたデータの分析などは、ほぼこのようなスタイルになるでしょう。

　データが大量ですので、通常は集計に膨大な時間がかかります。それが、ビッグデータ分析サービスの「Google BigQuery」を利用すれば、1万行でも1秒程度で集計できます。では、1億行（1万行の1万倍）なら1万秒かかるのかというと、そうではありません。筆者はデモを見たことがありますが、1億行でも1秒程度で結果が出てくるのです。

　かなり不思議な技術で、似たようなサービスはほかのどこにもありません。それでいて値段が安いのも特徴です（1回の集計で数セント〜数ドル）。筆者の周囲でも、BigQueryを使って眠っていたビッグデータを有効に活用し、新しい種類の業務システムを作ろうという試みが始まっています。

● 創造力を刺激するGoogle API

Google MAP API

　Googleの検索で地名や駅名を入れると、地図が表示されることがあります。また、その地図を使ってクルマでの移動距離を測ったり、電車や地下鉄を使った場合の移動時間を計算したりすることもできます。「Google Map」というサービスですが、これらの便利な機能は「Google Map API」を使って、ほかのプログラムから呼び出すことが可能になっています。

　GoogleではないWebサイトの一部にGoogle Mapが埋め込まれているのを見たことがある人も多いのではないでしょうか。Google Map APIを呼び出せば、同じことが業務システムでも実現できます。

　「業務システムで地図なんかいらないでしょ」と思うかもしれませんが、そんなことはありません。業務システムを使いながら、同時にインターネットでGoogle Mapを開いて取引先や訪問先の住所を調べるという場面はよくあるのではないでしょうか。それが、いちいち画面を切り替えずに、業務システム上の一機能としてGoogle Mapを使えるようになるのです。

注13　Internet of Thingsの略で、「モノのインターネット」と呼ばれます。従来はインターネットに接続されていなかった「この世のあらゆるもの」が、センサ技術などによって相互に接続されるようになるとされています。いずれ、接続されるモノの数は1兆個を超えるという予想もあります。

Google Translate API

　Google検索で海外のWebサイトを閲覧しようとすると、Googleが「日本語に翻訳しますか？」と聞いてくることがあります。Googleには、オリジナルのテキストの言語を自動的に判断し、ユーザが指定した任意の言語に機械翻訳する機能が備わっています。この機能も、「Google Translate API」を使って、システムから呼び出すことが可能です。

　機械翻訳ですので流暢な日本語になるとは限りませんし、すべてGoogle任せですので細かいところのチューニングもできませんが、最小限の意図とニュアンスは伝わるでしょう。あるアパレルメーカーでは、この機能を使って自社商品のファンの声を世界中から集めるキャンペーンを展開していました。

ほかにも多彩なAPIが

　「APIとは何か」については、本書ではあまり深入りしません。あるソフトウェア（サービス）で、別のソフトウェア（サービス）の処理結果を利用できるしくみだと考えてください。これをうまく使えば、あなたの会社の業務システムが、Googleの持つ膨大なデータや情報処理能力と一体化します。あとは、創造力次第でおもしろいシステムが作れるというわけです。ここで紹介した2つのほかにも、いろいろなAPIが提供されています。詳しくはGCPのWebサイト（https://cloud.google.com/）を見てみましょう。

　「クラウド」という言葉を生み出したGoogleは、このようにIaaSでもPaaSでもない、それでいて猛烈にパワフルなサービスを安価に提供しています。「クラウド上級者」になったら、ぜひ活用してみたいところです。

Section 05

SoftLayerとは

SoftLayerはIBMが提供するクラウドサービスです。もともとはベンチャー企業だったSoftLayerを、IBMが2013年に買収しました。2014年には日本にもデータセンタを開設し、AWSやAzureと競合する存在になっています。

● PCサーバ事業の売却とクラウド事業の強化

　IBMといえば、エンタープライズシステムの市場で70年以上の歴史を誇る「巨人」です。オンプレミスという言葉もない時代より、大型汎用機からPCサーバ、パソコンまで、さまざまなコンピュータを開発・製造・販売してきました。ところが、2005年にパソコン事業を12.5億ドルで売却。2014年にはPCサーバ事業も21億ドルで売却しました。

　その一方で、2013年にSoftLayerを20億ドルで買収。さらに、クラウド事業拡充のために12億ドルを追加投資しており、2014年冬にはSoftLayerのデータセンタを東京に開設しました。IBMがオンプレミスの事業を再編しつつ、SoftLayerというクラウド事業に社運を賭けている様子がうかがえます。

● 歴史的な大事件？

　数行でサラリと書きましたが、これは筆者のように長年IT業界にいる人間にとっては大きな事件でした。

　IBMは長年、企業向けコンピュータの製造販売では強い存在感を持っていました。そして、何事においても慎重で保守的な会社だと考えられていました。そのIBMが主力製品の1つであるPCサーバの製造販売をやめてしまったのです。1台数十万円～数百万円の製品を売って保守料も得られる商売でしたが、ビジネスモデルを完全に変え、今度は同様のサーバを1時間数円～十数円程度で貸す商売に切り替えたわけです。

　新聞などではあまり話題になりませんでしたが、近い将来にこのころを振り返ってみれば、IT業界の歴史に残る象徴的な出来事だと受け止められることでしょう。

● SoftLayerのこだわり

　SoftLayerはほかのクラウドにはない際立った特徴があります。ある意味ほかのクラウドとは真逆の方向性でもあるので、解説しておきましょう。

物理サーバの提供

　ほかのクラウドは「仮想化されたサーバ」（インスタンス）の提供を主力にしていますが、SoftLayerは「ベアメタル」と呼ばれる物理サーバの提供に力を入れています。ユーザが注文する際には、コア数やメモリ容量、ストレージの種類を細かく指定し、さらにCPUの型番まで選ぶことができます。まるでオンプレミスのサーバのスペック決めのようです。

　オンプレミスと異なるのは、Webから注文すると、数分から数時間でハードウェアが組み立てられ、利用可能になることです。ちょっと信じられない速さですが、その様子がWeb上の動画でも公開されています（イベント時のデモンストレーションのようです。YouTubeで閲覧してみてください）。

- **SoftLayer + Supermicro Server Challenge**
  https://www.youtube.com/watch?v=ZZAVqkXLT1s

　物理的なサーバのリソースを占有できるので、通常の仮想サーバ環境よりも、高く安定したパフォーマンスが得られます。使いこなすための知識は必要ですが、処理速度に強いこだわりのあるユーザには魅力的な選択肢です。

ネットワークもプロ仕様

　サーバ以外に、ファイアウォールやロードバランサの機能もあります。ほかのクラウドにもありますが、SoftLayerのほうは利用に際してかなり高いレベルの専門知識が必要です。その分、ほかのクラウドでは困難な「きめ細かい設定」を仕込むことができます。

誰のためのクラウド？

　大手企業の情報システム部門や大手システムインテグレータなどには、情報インフラの知識を十分に備え、オンプレミスのシステム構築や運用に長年携わってきた人たちがいます。このような専門知識を備えた技術者にとって、

AWSやAzureなどのクラウドサービスは「中のしくみがよくわからない」「自分好みのきめ細かい設定ができない」という点で、しばしば不安・不満を抱くこともあるようです。そのような「インフラのプロ」にとって、SoftLayerはまさに自分の手足のように感じられるかもしれません。

　逆に、ノウハウの蓄積がない企業や、人員的に余裕がなく他業務との兼務も多い中小企業のIT担当者が自力で使いこなすには、難易度が高いといえます。かなりの勉強をするか、あるいはSoftLayerに詳しいITパートナーに設計や構築・運用を依頼することになるでしょう。

第11章

クラウドの活用例

ここまで「業務システムをクラウド化する」という観点で解説してきましたが、クラウドの使い道はそれだけではありません。シンプルな用途からハイレベルな応用まで、クラウドの特性を上手に活かしたさまざまな活用例・想定事例を紹介します。

Section 01 ファイルバックアップ

クラウドのメリットを理解したつもりでも、会社の生命線である「業務システム」をいきなりクラウドに預けるのは躊躇するかもしれません。まずは手軽に「ストレージ装置」として、クラウド利用を始めるのもおすすめです。

● ファイルサーバのバックアップ先として

クラウド活用の「最初の一歩」に適した使い方の1つが、「ファイルバックアップ」です。IaaSの中で使うサービスは、第3章Section 05で紹介したオブジェクトストレージだけです。基本中の基本であるインスタンスすら使いません。つまり、クラウドを「サーバ」ではなく「ストレージ装置」として活用するということです。

かんたんな構成は、次の図のとおりです。

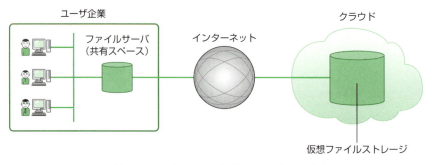

図1　ファイルバックアップ用途でのクラウド活用例

● クラウド以前のファイルバックアップ

社員の重要書類は、各自のパソコンにではなく共有スペース（共有ドライブ）に保管します。共有スペースとしては、社内ネットワークに「ファイルサーバ」や「NAS」（ネットワークアタッチトストレージ）を置いている企業が多いのではないでしょうか。

この共有スペースに置かれたデータにもバックアップが必要です。通常は、

バックアップ用のサーバやNASをもう1台用意したり、テープにバックアップを保管したりしています。しかし、次のような点から決して便利とはいえません。

- ファイルがたまってくるとバックアップを取るのに時間がかかる
- ファイルがたまってくると装置も大きくせざるを得ない
- 容量に余裕がないとユーザが困るが、容量が余りすぎるのも効率が悪い
- 予備機を置くと、費用も設置場所も2倍必要になる
- バックアップは遠隔で保管したいが、しくみを作るのが大変
- 5年たてばリース切れで、機器をリプレースしなければならない

ファイル共有なんて単純なしくみに見えますが、IT担当者は意外と大変な思いをしているということがわかります。

● クラウド導入後のファイルバックアップ

　ファイルサーバやNAS上のファイルを、クラウド上のオブジェクトストレージにコピーするしくみをつくります。自分でゼロから作るのもよいですが、対応したソフトウェアやハードウェアが販売されていますので、それを導入するとかんたんです。Dropbox（法人向け）のようなシンプルなソフトウェアもあります。クラウド連携があらかじめ組み込まれたNASも市販されています（コンシューマ用からビジネス用までさまざまです）。

　この方式であれば、バックアップは、クラウドの「向こう側」にある世界でも有数のセキュリティレベルを誇るデータセンタに格納されます。きちんと設定すれば、クラウド上のデータも通信経路上のデータも暗号化されます。その場合、最終的にデータを解読できるのは自分だけなので、クラウド側から情報漏えいすることはありません。

　万が一、手元の機器が完全に壊れてしまった場合には、新しい機器を用意して同じ方法でクラウドにつなぎ、クラウド側からデータをダウンロードして元に戻します。インターネットさえつながっていれば、復旧する場所も選びません。たとえば東京のオフィスが火災などで全滅し、機器も焼けてしまったとしても、大阪で機器を用意すれば、そちらで東京と同じ状態を呼び戻すことができます。

● 利用できるクラウドサービス

　この分野ではAWSの「Amazon S3」(Simple Storage Service)がもっとも有名です。規模においても歴史においても、ほかを圧倒しています。ほかのクラウドでは、Azureの「Azure BLOB Storage」、GCPの「Google Cloud Storage」などがあります。

- **Amazon S3 (Simple Storage Service)**
  https://aws.amazon.com/jp/s3/
- **Azure BLOB Storage**
  https://azure.microsoft.com/ja-jp/documentation/articles/storage-introduction/
- **Google Cloud Storage**
  https://cloud.google.com/storage/

Section 02 監査用データの長期保管

Section 01では、社員が日常的に利用しているファイルのバックアップ先としての活用例を紹介しました。ここでは、一般の社員はほとんど接することのない監査用データなどの長期保管について考えてみましょう。

● 長期保管が必要なデータとは

　企業内のデータには、「監査」目的のデータがあります。会計やデータ処理に、何か不適切な点や不正がなかったか、過去に遡って調べるためのものです。具体的には、会計データや売り上げデータ、Webサイトのアクセスログなどです。

　通常は電子データの形で7〜10年程度は保管する義務があります。企業によっては、安心のためにもっと長い期間が適用されることもあるようです。

● クラウド以前の長期保管

　このようなデータに高額なストレージ装置を使うことは割に合いません。多くの場合、テープやDVDなどで保管します。しかし、次のような要件に対応するうえで、課題も少なくありません。

- メディアの寿命を考慮する必要があるほど超長期の保管である
- データの消失が絶対に許されない
- めったに再利用されない。使われるときはデータのごく一部のみ
- 古いデータが必要になったら、なるべく早く（半日程度で）呼び出したい

　テープもDVDも、磁気や湿気によって寿命が短くなります。また、長期保管には紛失の危険もあります。

　筆者の経験では、バックアップを二重に取得し、それぞれのメディアを金属ケースに詰め、遠方の異なる倉庫業者に送付して別々に保管するという例がありました。なかなかの手間でコストもかかります。それでいて、実際に

何かあったときにデータを呼び戻せるかというと「やってみるしかない」「がんばるしかない」というのが実情でした。めったにないことなので、手順として確立しているわけではなく、また、時間や費用の関係から「予行演習」はほとんどやっていませんでした。

● クラウド導入後の長期保管

本章Section 01で紹介した方法とほぼ同様の手段で、データをクラウド上に遠隔保管できます。その際、通常のオブジェクトストレージよりも超長期保管に適した、次のような特徴を持つストレージサービス（プラン）を選びましょう。

- データの取り出しに時間がかかる場合がある
- その分、価格が安い（多くは半分以下）

「めったに（おそらく一生）取り出さない」データを超長期に渡って安価に保管しておくのに役立ちます。

もちろん、すべてクラウド上で管理されていますので、テープやDVDなどの物理的なモノの管理よりも圧倒的に楽です。それでいて劣化や消失の心配がありません。第3章でも述べましたが、データセンタが丸ごと1つ壊滅するような大災害があったとしても、データは消失しないのです。

メディアを倉庫に保管するよりも圧倒的に安全性が高いことは明らかです。また、「予行演習」もやりやすくなりますので、1年に一度など定期的に実施しておけばさらに安心です。

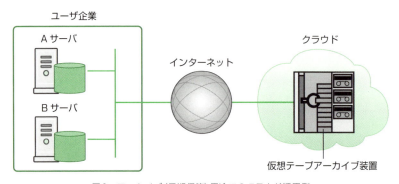

図2　アーカイブ（長期保管）用途でのクラウド活用例

● 利用できるクラウドサービス

　AWSでは「Amazon Glacier」というサービスがあり、本章Section 01で紹介したS3と自動的に連携する設定も可能です。価格はS3の3分の1程度です。GCPには「Google Cloud Storage Nearline」、Azureには「Azure Backup」というサービスがあります。

- **Amazon Glacier**
  https://aws.amazon.com/jp/glacier/
- **Google Cloud Storage Nearline**
  https://cloud.google.com/storage-nearline/
- **Azure Backup**
  https://azure.microsoft.com/ja-jp/documentation/articles/backup-introduction-to-azure-backup/

Section 03 災害対策①〜初級編

Section 02までは「データのバックアップ」でした。次は、災害対策で求められる「システムのバックアップ」での活用例です。ここでいう「システム」とは、サーバのOSやミドルウェア、アプリケーションまでを含みます。

● 意外と盲点だったシステムの災害対策

「データ」が安全でも、それを利用できるシステムがなければ意味がありません。

2011年3月の東日本大震災の直後、首都圏の企業では「システムの災害対策」についての議論がありました。それまでも各企業は「バックアップ」にそれなりの費用と手間をかけていたはずですが、それはどうやら「データのバックアップ」にすぎず、「システムのバックアップ」ではなかったようです。さらに、同年夏に首都圏の計画停電が検討された際には、多くの企業のオフィスやデータセンタの一部が影響を受ける可能性が指摘されました。これでは、たとえ予備機があっても同じ場所に置いてあればまったく意味がありません。

このように「ある日突然、サーバの電源がオフになってしまうかもしれない」リスクが突然浮上したのです。万が一、この事態に直面したら、再び電源が入るまでの間、企業はどのように業務を継続すればよいのでしょう。「データのバックアップ」よりも「システムのバックアップ」が急務だと、多くの企業が気づいたのです。

● 1ヵ所だけで保持するのは危険

結論からいえば、重要度の高いシステムは1ヵ所だけで保持すべきではないのです。

オフィスでもデータセンタでもよいのですが、そこが何らかの理由で使えなくなったらどうするのでしょうか。その日は予想もしない形で突然やってきます。直下型地震や津波などの直撃を受ければ、復旧するまでに何日もかかるでしょう。倒壊、火災、水害などでサーバやバックアップ装置が丸ごと

破損してしまえば、テープやDVDを遠隔地から取り寄せてもすぐに手を打つことは不可能です。復旧には何ヵ月もかかることでしょう。そのときになって「なぜきちんと考えておかなかったのか」と、IT担当者が責められるかもしれません。

● 災害対策の基本的な考え方

ちょっと横道にそれますが、システムの災害対策を「きちんと考える」のは、本来はIT担当者だけの仕事ではありません。ビジネス上の「リスク」と「コスト」のバランスに配慮した経営判断が必要です。考え方の例を次に示します。

- **どのようなリスクを想定するか**
  例：地震、火災、水害
  　　サーバが全壊する（予備機は使える）、オフィスが焼失する（予備機も使えない）、など
- **そのリスクが現実に発生したときに、どのような手順をとるか**
  例：予備機をセットアップする→バックアップからデータを戻す
- **その際に許される復旧時間（RTO：Recovery Time Objective）**
  例：1日くらい止まってもOK
  　　5分でも止まったらアウト
- **その際に許される復旧時点（RPO：Recovery Point Objective）**
  例：前日夜時点のデータまで戻ってよい（今日の分のデータは捨てる）
  　　5分前のデータまで戻ってよい（最後の5分間のデータだけ捨てる）
  　　一切データは捨てない

RTOやRPOを短くしようとすればするほど、災害対策に費用がかかることが想像できます。たとえば銀行などは、大災害においても一切の業務を止めないように国内の2ヵ所にデータセンタを構え、すべての取り引きデータをリアルタイムで完全に同期するようにしています。これであれば、片方のデータセンタが突然被災してもほとんどデータを消失することなく、もう片方で業務を継続できると考えられます。当然、システムを1つだけ持つ場合に比べて費用はかかります（2.5倍くらいかかるようです）。

● クラウド上に予備のシステムを待機

　めったに発生しない災害時にしか活用できないので、災害対策にはあまりお金をかけたくないというのが企業の経営者の率直な意見でしょう。とはいえ、準備するという判断を下したら、今度は「できるだけRTOやRPOを短くしたい」と考えるのも自明です。IT担当者として最善の対策を考える必要があります。

　これについて、オンプレミスではなかなかよい解がないのですが、クラウドなら「ベターな解」があります。本章Section 01でバックアップをクラウド上に保持する構成を紹介しましたが、同じクラウドの上にシステムを仕込んだ「インスタンス」を準備しておくのです。ただし、普段は稼働させずに寝かせておきます。万が一の際には、そのインスタンスを起こし、クラウド上のデータを読み込ませて復活させるわけです。

　このように、クラウドへのデータのバックアップとシステムを含むインスタンスの待機を組み合わせれば、RPOを1日程度（前日にバックアップを取得した時点）にすることができます。RTOは数時間といったところです。

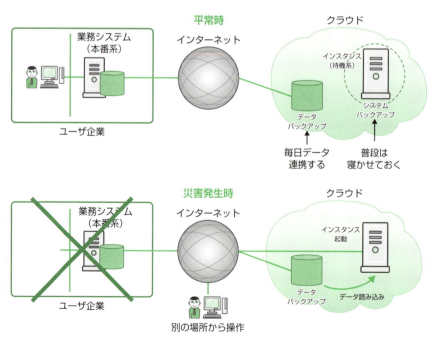

図3　クラウド上にシステムのバックアップとしてインスタンスを待機

主要なクラウドでは、寝ている（STOPしている）インスタンスには課金されません。これにより、オンプレミスと比べ、費用を大幅に縮小させることができます。

● 待機系システム利用時の注意点

　本番系（オンプレミス側）のアプリケーションの更新を、待機系（クラウド側）にどう反映させるかという点は課題として残ります。災害発生時は、緊急時なので古いバージョンで我慢するという割り切りもアリでしょう。

　市販のアプリケーションの場合、ベンダによっては利用ライセンスの交渉も必要です。本番系と待機系は同時には稼働しないのでライセンス数は1でよいケースと、インストール先が2ヵ所になるのでライセンス数も2になるケースがあります。ただ、これはクラウドに限ったことではありません。待機系をオンプレミスで構築しても、まったく同じ問題が発生します。

　また、クラウド上のアプリケーションにユーザがアクセスする方法もきちんと考えておかねばなりません。災害発生時であっても、正常時とまったく同じ人数のユーザが、正常時とまったく同じ方法でストレスなく接続することも理論的には可能ですが、相応の場所と準備が必要です。緊急時の暫定的な運用であることを考えると、一種の縮退運転（接続人数を絞るなどして、サービスレベルを落とすこと）を検討する必要もあるでしょう。

　オフィスが使えなくなるほどの災害を想定するならば、少数のスタッフに限り、インターネット経由で自宅からアクセスを許す（在宅勤務）などの方法も考えなければなりません。それでも十分なセキュリティを確保することは可能です。その具体的な方法をすべて詳解することは本書の趣旨ではありませんが、「そういうことも可能なのだ」ということは覚えておきましょう。

Section 04 災害対策②〜中級編

Section 03で紹介したクラウド上の待機系システムによる災害対策は、費用は比較的安いのですが、RTOとRPOがやや長くなります。もう少し費用をかけて、RTOとRPOを改善する対策例を見てみましょう。

● 寝かせているインスタンスは「冷たい」？

　Section 03の災害対策例は、普段の正常な状態では、予備（障害発生時に動き出す側）のサーバ（インスタンス）は稼働していません。物理サーバの電源が切られている状態と同様です。これを「冷え切った状態」と考えて、「コールドスタンバイ方式」といいます。障害が発生したら電源を入れる（インスタンスを起こす）ところから作業を始めますので、動き出すまでに時間がかかります。また、データは「最後に取得したバックアップ」から戻しますので、最悪の場合は、バックアップ取得時点と障害発生時点の間のデータは喪失してしまうことになります。Section 03で説明した用語を使えば、RTOが数時間、RPOが1日程度となります。

　業務上、これらをもっと短くする必要があれば、もう少し工夫しなければなりません。そこで、クラウド上の予備のサーバも普段から電源を入れて（稼働させて）おきます。そして、データは日中も少しずつ本番系から待機系に流しておくのです。非常時には即座に待機系に切り替えます。これを「ウォームスタンバイ方式」と呼びます。

● クラウドで可能になるウォームスタンバイ

　予備系のサーバ（インスタンス）は、オンプレミス側の本番サーバと同じスペックである必要はありません。平常時は、最低限のデータ連携さえできればよいので、スペックを低く、つまり価格も安くできます。災害発生時にはクラウド上のサーバを業務に使うことになりますが、その際にサーバのパワーが足りずユーザの処理が滞るようであれば、そのタイミングでサーバのスペックを上げる方法もあります。うまくすれば、十数分〜1時間程度で、パワフ

ルなサーバに切り替えられるでしょう。

- 普段のデータ連携は低スペックのインスタンスで粛々と行う
- 非常時にはスペックを上げて業務に対応する

オンプレミスでは不可能な構成ですが、クラウドではこのようにフレキシブルで都合のよい運用ができるのです。

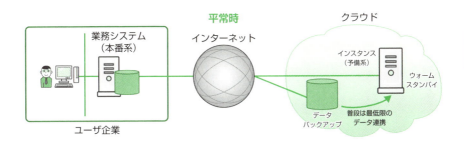

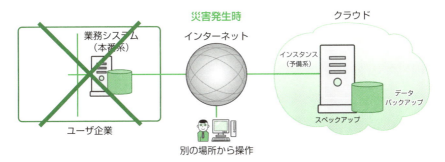

図4　ウォームスタンバイ方式による対策

● さらに先へ進む前に

さて、ここで次のような「思考実験」をしてみましょう。一種の「頭の体操」です。

上記のような災害対策を施したとして、仮に本番系のサーバに何らかの障害が発生したとしましょう。本番系に即座の復旧が見込めないのであれば、クラウド上の予備系に切り替えることになります。社員が使うパソコンの接続先をクラウド側に切り替え、クラウド上のシステムを使って業務を進めます。これでまずは一段落です。

そして、ここからが問題です。これは「一時的な状態」にすぎません。なにしろ使っているのは「予備系」です。ユーザや機能を限定して「縮退運転」をしているかもしれません。もとに戻すにはどうすればよいでしょうか？　もちろん、本番側のサーバを修理し、完全に動くようにしてから、予備系からデータ移行して……という作業になります。よくよく考えると時間もかかりそうで、なんだか面倒な作業です。

　こう考えると、わざわざ不便なオンプレミス側に「戻る」理由が見つかりません。いったんクラウドにシステムが移ってしまえば、その利便性と対障害性は圧倒的で、オンプレミスとは比べものになりません。このままクラウド上でシステムを維持したほうが、むしろ安全です。次のSection 05では、そのような活用例を紹介しましょう。

Section 05 災害対策③〜上級編

Section 04の最後にヒントを出しましたが、さらに進んだ災害対策について説明します。従来の考え方に慣れた人には非常識に見えるかもしれませんが、ここまで本書を読み進めてきたみなさんなら、むしろ当然の選択に思えるでしょう。

● オンプレミスとクラウドのどちらが安心か

第6章でクラウドのセキュリティについて述べました。第3章Section 08では、クラウドがデータセンタレベルでの冗長性を持っていることを解説しました。第1章Section 05では、クラウドの中に事実上無制限のリソースがあり、ユーザは自在にサーバ（インスタンス）を切り替えられると指摘しました。

以上を考えると、現実問題として、パブリッククラウドのデータセンタは、堅牢性と可用性において「もうこれ以上は考えられない」という高いレベルに達していることがわかります。自社内のサーバルームにサーバを置くのは論外として、外部のデータセンタを利用していたとしても、その性能は「よくてパブリッククラウドと同等、多くはそれ以下」だと断言できます。ここであらためて、「オンプレミスよりもクラウドのほうが安全」であることを強調しておきたいと思います。

● 選択の問題〜本番系と待機系をどちらに置く?

次のような問題を考えます。2つのデータセンタがあるとします。

- トップクラスのデータセンタ
- それほどでもないデータセンタや自社のサーバルーム

そしてシステムにも2種類あるとします。

- 本番系システム
- 待機系システム

これらをそれぞれ対応させなければならないとしたら、どちらのシステムをどちらのセンタに置くのが安心でしょうか？

　実は本章Section 04までの災害対策は、次のような考えを前提にしていました。

- 本番系システム＝自社で契約しているデータセンタや自社のサーバルーム
- 待機系システム＝クラウド

　しかし、これを前項の指摘を踏まえて読み返すと次のようになってしまいます。

- 本番系システム＝それほどでもないデータセンタや自社のサーバルーム
- 待機系システム＝トップクラスのデータセンタ

　いかがでしょう。これでは本来と逆ですね。ここは次のように考えるのが自然に見えてきませんか？

- 本番系システム＝トップクラスのデータセンタ
- 待機系システム＝それほどでもないデータセンタや自社のサーバルーム

　ちょっと妙な結論に見えるかもしれません。現時点で、企業活動の生命線である基幹系システムをパブリッククラウドに預けるという発想には、相当の心理的バリアがあることはわかります。とくに長年IT担当者だった人ほど、この発想には慣れにくいと思います。しかし、技術的に見ると「これまでの常識」と「これからの常識」は180度異なるものになっていくのです。

● その先にある発想

　前項の考え方に基づいてさらに整理すると、自然な流れとして、近い将来の「正解」は次のようになると思います。

- 本番系システム＝トップクラスのデータセンタ
- 待機系システム＝トップクラスのデータセンタ

つまり、「本番系も待機系もクラウドに置く」ことになると思います。

実は筆者は、2011年ごろにこのような主張で記事を書いたりしていました。当時はなかなか信じてもらえなかったのですが、今となっては後述するように、いくつもの大企業が「フルクラウド」「ALL-in」という掛け声のもと、会社のシステムを全面的にクラウドに引っ越しさせようとしています。技術的にも正しい、大企業も認めたクラウドの活用方法といえます。

● 究極の姿は？

前項以上にしっかりとしたシステムというのはあるのでしょうか？　もしあるとしたら、次のような構成かもしれません。

- 本番系システム＝トップクラスのデータセンタ（日本）
- 待機系システム＝トップクラスのデータセンタ（海外）

現実に、超大手の多国籍企業がこれに近い発想でシステムをクラウドに持ち込んでいます。この構成であれば、日本が滅びても（！）、地球が丸ごと壊れない限り大丈夫にすら見えます。まさに「惑星レベルの可用性」です。文句なしの究極の姿といえるでしょう。

オンプレミスでこのような構成を組むことを考えてみてください。恐ろしく手間とコストがかかり、まったく現実的ではないことが予想されます。クラウドであれば、これは現実的に構築可能なシステムなのです。

Section 06 スーパーコンピューティングとは

コンピュータに関わる者なら一度は携わってみたい(?)スーパーコンピューティング。ひと昔前なら何億円もの投資が必要でしたが、今では気軽に「お試し」することができます。想像力の翼を広げましょう。

● 新人IT担当者がスパコン?

　タイトルを見て「このページは読まなくてもいいかな」と思った人も、少し待ってください。たしかに「新人IT担当者」として、当面の仕事とは直接の関係はないかもしれませんが、知っておいて損はありません。そして、いずれこの知識が役に立つ日がくると思います。ぜひ、読んでみてください。

　スーパーコンピュータ(スパコン)については、新聞などで見かけたことがあると思います。日本では「京」(けい)や「TSUBAME」(つばめ)が有名です。数億～数百億円を投じて体育館のように広大な施設内に組み上げたコンピュータで、驚異的な計算速度を実現し、製造業、医療、気象、金融など、さまざまな産業のハイレベルな計算をこなしています。

● そこまでの性能は必要ない?

　「そんな性能は必要ない、まったくウチの会社には縁がない」と思うかもしれません。それは半分は本当かもしれませんが、半分は間違っていると筆者は想像しています。失礼を承知でいえば、「必要ない」のではなく、「想像力が働いていない」だけだと思うのです。想像力が働かない理由は単純です。スパコンは「(買うにせよ、借りるにせよ)とてつもなく高い」からです。

● 概念的な説明

　ちょっと話が抽象的になってしまいますが、ご容赦ください。「ある計算」をしてその結果を活用すると、業務が効率化され、会社のコストが1,000万円下がるとしましょう。しかし、その計算はとても複雑で、計算費用が5億円

かかるとしたらどうでしょうか。これはもう、考えるまでもなく贅沢で無駄な計算です。そのようなことはやるべきではありません。そして、その状態が長く続けば、そんな計算のことはやがて誰も考えなくなってしまいます。

ところがクラウドを使えば、同じ計算が500万円でできるかもしれません。そうすれば500万円の利益です。これならばやる価値があります。技術が進歩して、そのようなことが可能になったのだとご理解ください。

● 身近になったスパコン

クラウドを使えば、インスタンスを10台使うのも100台使うのも大して手間の違いはありません。物理的なモノが目の前にあるわけではないので、管理が非常に楽です。半日くらい使ってからインスタンスを削除すれば、もう課金されません。100台が1,000台になっても同じことです。あまり台数が多い場合には事前の申請がいるかもしれませんが、大した手間ではありません。

たくさんのインスタンスに巧妙に仕事を割り振ったり、結果をまとめたりするには工夫は必要ですが、実践している人は多数います。実際に筆者がクラウドの初期のころにご一緒させていただいたお客さまは、1,000台のインスタンスを使って計算処理をしていました。利用者は学生さん1名です。当時は「とてつもない時代になったものだ」と思いましたが、もう5年ほど前の話です。今なら、同様の話を聞いてもほとんど驚かないでしょう。もはや珍しくもなんともないのです。このことは、心に留めておいてください。

● アンテナを張っておこう

「その日」は突然やってくるかもしれません。膨大な過去ログを1件1件調べて、特殊な条件のデータを1つだけ探し出す、あるいは、組み合わせ問題の最適な解を短時間で見つけ出す——かんたんな自作プログラムで1,000時間かかるような計算でも、100台のインスタンスで分担すれば10時間で答えが出る可能性があります。その費用は数千円〜数万円レベルにすぎないかもしれません。

抽象的なお話で申し訳ありませんが、「こういうことも可能になっているのだ」という点は、理解しておいて損はないと思います。

Section 07 データウェアハウスとは

Section 06のスーパーコンピューティングとよく似ていますが、もう少しリアリティのある活用例を紹介します。こちらも、従来は高嶺の花だった「高額な機械」をクラウドで代替するという話です。

● データウェアハウスとは

「データウェアハウス」という言葉を聞いたことはありますか？ データウェアハウス（以下、DWH）は「巨大なデータベースサーバ」です。「巨大」というのはデータ容量だけでなく、物理的なサイズのことも指しています。ちなみに値段も巨大です。

典型的な使い道は、企業の意思決定のためのビジネスデータの分析です。たとえば、会社の売り上げデータを5～10年分くらいため込んでおき、「どのようなときに売り上げが上がるのか（下がるのか）」「販売促進のキャンペーンは有効だったか否か」「今後、どのようなことをすればより効率的に業績を伸ばせるか」……などといった仮説を検証します。

いつ、どのような分析の依頼が舞い込むかわかりませんので、DWHは常にスタンバイ（電源オン）の状態です。分析の「軸」も多種多様ですので、あまりデータの加工やサマリはせず、生の状態に近いまま保持されます。また、分析結果の信憑性を上げるために、長期のトレンドを見るようにします。

このように膨大な（生）データを扱うわけですが、分析自体はなるべく速く結果を返したいので、超高速のハードウェアを使います。そのため、DWHの多くは、大型冷蔵庫よりも場所をとる大きな筐体です。非常に高価で維持費も高く、金食い虫でもあります。

バックアップなどの保守運用の体制を考えると、本業である「分析」以外のところで、莫大な手間がかかることは容易に想像されます。筆者もこれまで「DWHの管理が楽しい」という人には一度も会ったことがありません。そもそも、高価なわりに導入の効果（＝いろいろ分析した結果、会社の業績や利益が伸びる）ははっきりしません。かんたんには手が出ない代物であること

がわかります。現実には、かなり余力のある規模の大きい企業しか、購入できなかっただろうと考えられます。

ところが、クラウドの登場により、今までの常識が覆りつつあります。クラウド上にDWHを持つことができるようになったのです。

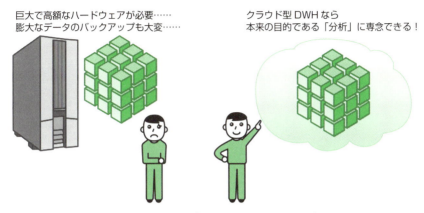

図5　管理の大変なデータウェアハウスもクラウドに

● データウェアハウスは必要ない？

こちらも前項のスーパーコンピュータと同様です。「必要ない」と思っている人は、実は「高価で手間のかかるDWH」しかご存知ないのかもしれません。高嶺（高値）の花だったDWHが、いまやクラウドで手軽に使える存在になったのです。中小・中堅企業でクラウド型DWHの利用が急速に伸びているという報告もあります。クラウドベンダが発表している「事例」も増えているようです。

● クラウド型DWHのメリット

クラウドなら、まずDWH調達にかかる時間が圧倒的に短くなります。Webから注文すれば数時間で準備が整うでしょう。

もちろん「モノ」が目の前にないというだけで非常に気が楽です。故障したとしても、入れ替えや再構築をWeb画面から指示できます。データサイズの拡張も同様です。オンプレミスでかかっていた時間を考えると、100分の1から1,000分の1の労力で済むでしょう。

コストも圧倒的に安くなります。数分の1から10分の1くらいにはなるよ

うです。リース切れによる機器の更改を考えなくてよいのも、クラウドならではのメリットです。当然、IT担当者の労力は圧倒的に軽くなります。

● クラウド型DWHを業務改善に利用する事例も

　クラウド型DWHのメリットを最大限に活かした事例が発表され、テレビ番組などでも取り上げられましたので、紹介しておきましょう。

　回転寿司の全国チェーンを展開する「あきんどスシロー」の事例です。同社は10億件以上の売り上げデータを分析して、店舗オペレーションの改善を検討していました。しかし、オンプレミスのDWHが高価すぎるのと、導入効果（店舗オペレーションをどう改善して、いくらメリットがでるのか）の予測がつかないので、計画がとん挫しかかっていました。そこで、クラウド型DWHを短期間使い、効果が期待できることを確認したそうです。このときの利用料はわずか10万円（！）だったといいます。そのままクラウド型DWHを使い続け、店舗におけるムダを4割削減し、経営に大きな貢献をしたとのこと。ちなみに同社のIT担当者はわずか5名だそうです。

- **あきんどスシローの事例**
  https://aws.amazon.com/jp/solutions/case-studies/akindo-sushiro/

Section 08 フルクラウドとは

クラウドの可能性を幅広く見てきましたが、その究極の姿はどのようなものになるのでしょうか。「クラウドファースト」や「クラウドネイティブ」という考え方が浸透し、すでに「フルクラウド」へ向けた挑戦も始まっています。

● 企業システムにおけるクラウドの可能性

本書でこれまで解説してきた内容から、およそ企業内の業務システムにおいて、クラウドには幅広い利用の可能性があることを理解できたと思います。実際、「クラウド化できないシステム」を探すほうが難しいくらいです。

● クラウドファースト

このような流れを受けて、先進的な企業は2013年ごろから「クラウドファースト」と呼ばれる考え方を取り入れていました。これはシステムを導入する際に、次の順序で検討を進めることをいいます。

- まずクラウドを使うことを考える
- どうしても無理だとわかったらオンプレミスで考える

実際に、「新規にサーバを買うことは禁止する=クラウドを使うべし」という企業も現れています。大手の金融機関でもクラウドの利用を推進し、社内の技術者も増員すると発表するなど、「まずはクラウドで」という考え方が広まっています。

● クラウドネイティブ

2014〜2015年あたりから、「クラウドネイティブ」という言葉も広まっています。これは「クラウドでしか実現できないシステム」のことです。

従来からある業務システムでは考えにくいのですが、ITを活用した新しい

取り組みを考えるのであれば、クラウドネイティブはもはや必然といってもよいでしょう。たとえば、スマートフォンを使って自社の顧客に新しい体験を提供し、今まで以上にファンになってもらうことが考えられます。膨大な蓄積データと外部の情報源を組み合わせ、新しい知見の発見に挑むのもよいでしょう。クラウド上にある豊富な計算能力を使って大量のデータを取り扱うことで、意外な会社が意外な挑戦をしていることは、昨今の報道[注1]からも明らかです。

「新しい取り組み」は、あっという間に失敗して撤退を余儀なくされるかもしれません。逆に予想以上の大ヒットで、想定を1～2桁上回るアクセスやデータ流入があるかもしれません。ビジネスがどれだけスケールしようが止めないこと、それでいてIT投資は必要最低限にとどめ、前向きな撤退がいつでも可能な状態にしておくことが、ITで新しいチャレンジを行う際の標準的な考え方になりつつあります。オンプレミスではこのようなことは不可能です。クラウドだけが実現できる、クラウド固有（ネイティブ）な考え方が、企業の挑戦を促し、成長の基盤となりつつあるのです。

● フルクラウド

ここまで本書を読み進めてきたみなさんは、もう察していると思いますが、既存のシステムも新しいものも、本番系も待機系も、普通のシステムもスーパーコンピューティングも、もはやすべてがクラウドで構築できてしまうのです。こうなると、「これはオンプレミス、これはクラウド」といちいち判断する必要もないでしょう。「ぜんぶクラウドでいきましょう」――この発想を、筆者は「フルクラウド」と呼んでいます。

フルクラウドは、まだ一般的に認知されている言葉ではありません。今後、定着するかどうかも未知数です。オンプレミスがあたりまえだった時代に「フルオンプレミス」という言葉が存在しなかったように、クラウドがあたりまえになるとフルクラウドとはいわなくなるような気もしています。

IT関連のニュースなどを見る限り、Azureを大規模に使った事例は「フルクラウド化」というキーワードで語られることが多いようです。また、AWSは「All-in」というコンセプトを掲げ、大手企業の事例などを公表しています。

注1　IoTやAI、FINTECHなどのキーワードで、最近のニュースを検索してみるとよいでしょう。明示的には報道されていないかもしれませんが、裏側ではクラウドが大活躍しているはずです。

第 **12** 章

IT担当者の進むべき道

IT担当者にとって、クラウドを使いこなすことはもはや「常識」となりつつあります。そして、クラウドを自社のビジネスに活かすことも、みなさんの重要な役割です。今後それらを実践していくうえで、どんなスキルやマインドが求められるのか、理解しておきましょう。

Section 01 フルスタックエンジニアを目指す

本格的なクラウド時代を迎え、企業にとっての情報システムのあり方やビジネスとの関わり方が大きく変わりつつあります。こうした中で今後どのような人材が必要とされるのか、IT担当者の進むべき道について考えます。

● 古い技術と新しい技術

　序章から第11章までを通じて、クラウドの基本的な知識や企業での導入・運用のポイント、学習のための情報源、具体的な活用例などを解説してきました。従来の常識であったオンプレミス型のシステムとは根本的に異なり、クラウドでは新しい発想や技術が求められることが理解できたと思います。

　最後の章では、クラウド時代に必要とされるIT担当者の条件を考えます。まずは、前提として「古い技術（失礼！）」と「新しい技術」の違いを整理してみたいと思います。なお、「技術」とは、IT担当者が「技術者」として身につけるスキルのことを意味します。両者の本質的な差異を明らかにすれば、「これから求められる人材像」が浮かび上がってくるでしょう。

● 古い時代の技術者像

　ここでいう「古い技術」は、次のようなスキルを指しています。

- サーバやOSをセットアップする
- DBMSやWebサーバなどのミドルウェアをセットアップする
- 運用監視ソフトをインストールする。運用監視システムを構築する
- ネットワーク設計に従い、ルータやスイッチなどの設定をする
- バックアップの運用を設計する。設計に従って実際に作業する
- 機器が故障した際に対応する

　より具体的にいえば、次のようなスキルが求められていました。

- メーカごとに違うサーバの「くせ」を把握していること
- セットアップに必要なOSのコマンドを熟知していること
- 運用監視ソフト（特定の製品）に詳しいこと
- ミドルウェア（特定の製品）のコマンドに詳しいこと
- ルータ（特定の製品）のコマンドに詳しいこと
- テープ入れ替えやサーバ部品交換などの作業に精通していること

　「特定の製品」が何度も出てきました。「特定の製品」に精通することは、その製品の提供元であるベンダから推奨されています。精通した人には認定資格を与えるなどして、スキル習得の努力を称えます。このような「特定の製品」の知識は学習コストが高いので、いったん学んでしまえば、その人はほかの競合製品には興味を持たなくなります。そして、深く学べば学ぶほど、その知識は「ほかに転用ができない」という特性があります。そこが、従来型の技術者がはまる深い罠でもあります。

図1　かつては特定製品の技術に詳しい人は賞賛されていた

　さらに、そのスキルは「本来のビジネス要件から遠いところにある」という点も指摘しなければなりません。機器が高性能になればなるほど、設定すべきパラメータやコマンド類は複雑になっていきます。ビジネス要件とは、たとえば「社内ネットワークのココとココは通信させたい、ほかは通信させないようにしたい」「サーバに新しいドライブを500Gバイトだけ割り振りたい」「データベースサーバを1台用意したい」といったレベルの要求です。技術者

は、それらの要件を機器やソフトウェアの状態に置き換えて理解しなおし、呪文のようなコマンドや設定項目に落とし込まなければなりません。「やりたいこと」と「やること」の乖離(かいり)が大きいのです。

そして、覚えることが多くなると、ほかのことに手が出せなくなります。これによって、分担・専業化がすすみます。「あの人は○○の人（ほかのことはわからない）」という色分けができてしまうわけです。

これが古い技術につきまとう大きな問題です。このような世界にどっぷり浸かっていれば、この問題点にはほとんど気づくことはありません（筆者も気づいていませんでした）。

● クラウド時代の技術者像

クラウド時代の「新しい技術」は、やや乱暴にいえば次のような特性があります。

機能が標準化されている

クラウドで提供される「仮想サーバ」や「仮想ロードバランサ」「仮想ネットワーク」などは、オンプレミスの「物理サーバ」「物理ロードバランサ」「物理ネットワーク」などに比べると機能が限定されています。これは機能的に劣るという意味ではなく、むしろ一般的に必要とされる汎用的な機能だけを効率的に使い、余計なこと、凝ったこと、機器メーカに依存する独特なことは、必要がないと割り切っているのです。

シンプルに絞り込まれた機能を、Web画面やコマンドラインなどの平易な方法で呼び出せます。覚えることは少ないので、実現したいイメージさえあれば、画面の指示（ウィザード）に従うだけで設定できることも珍しくありません。

情報が豊富で探しやすい

本や雑誌、公式／非公式ブログ、ファンサイトなど、クラウドに関する情報はインターネットを探せば多数見つけることができます。筆者も、ある会社の社内でクラウドに関する質問を受け付ける仕事をしていたことがありますが、一番頼りになるのはGoogle検索の結果でした。第9章で紹介したように、ユーザ同士で情報共有できるコミュニティも多数あります。

「学ぶための素材」が安価で大量に出回っており、学習コストはかなり低いといえます。

「越境」しやすい

上記のような状況がありますので、特定の技術に深くはまり込んで、ほかが見えなくなるという状況が生まれにくくなっています。筆者も経験がありますが、「今日はクラウドのネットワークの勉強をしてみよう」「今までさわったことのないOSを使ってみよう」「データベースサービスを生まれて初めて立ててみよう」などといったことが本当に気軽にできるのです。

そう考えると、もう「ネットワークの専門家」「特定のOSの専門家」「データベースの専門家」という分業の意味も希薄化していくでしょう。むしろ、幅広い分野を浅く広くわかっていることで、そのあとの仕事全体をスムーズに回せるようになっていくのです。

インフラのアプリ化

過去にあった分業の最たるものが、「ハードウェア担当者」（インフラ担当）と「アプリケーション担当者」（アプリ担当）です。筆者はアプリ担当の立場が多かったのですが、インフラ担当との間の壁は、かなり高かった覚えがあります。

ところが序章Section 03でも紹介したように、クラウドでは、アプリケーションが必要に応じてインスタンスを追加できます。そして用が済めば、アプリケーションがインスタンスを削除できます。これは「インフラのアプリ化」と呼ぶべき状況です。アプリ担当がインフラを制御できるのです。

インフラ担当も負けてはいません。クラウド時代では、第3章章末のコラムで紹介したように、スクリプト言語で複雑な構成を組み上げることができます。インフラ担当者がプログラミングして、「アプリ化したインフラ」をコードで制御できるということです。

こうなるとアプリ担当もインフラ担当も、徐々に垣根が取り払われていることがわかります。ここでも、両方のことを少しずつ理解している技術者が有利です。

開発と運用の同一化

　同じことが「開発担当者」と「運用担当者」の間にもいえます。かつては両者の間の壁は非常に高かったのです。開発（Dev）はコーディングによって無から有を生み出す「攻めの花形的な存在」、運用（Ops）は開発から預かったシステムを日々粛々と動かし続ける「保守的で地味な存在」と目されていました。

　クラウド時代になって、いまや両者は一体化しつつあります。「DevOps」や「OpsDev」という言葉で、多くの人がいろいろな思いを語っています。これからは「運用を意識した設計（開発）」と「次の開発にフィードバックできる運用」を意識する時代なのです。当然、両方がわかっている技術者はよい仕事ができるでしょう。

● フルスタックエンジニアとは

　このように何でも（少しずつ）知っていて、何でも（ちょっと調べれば）できる技術者のことを「フルスタックエンジニア」といいます。この単語もいろいろな人が、いろいろな定義で語っています。新しい時代のエンジニアを目指したい人は、ぜひ調べてみてください。

　筆者の考えでは、フルスタックエンジニアといえども、すべての技術に深いところまで精通している必要はありません。どの技術にも「深い」部分はありますが、そこまで網羅的にカバーすることは、普通の人間の一生の時間ではほぼ不可能です。また、実務上もあまり意味がありません。それよりも、幅広い技術を使って一通りのことができる、あるいは、できた経験があることが重要だと考えます。あとは、知らないことを学ぶ好奇心と、若干の調査能力、そしてチャレンジ精神があればよいのです。

図2　「特定の技術のみ深く」よりも「幅広い分野の技術を少しずつ」

● ビジネスの理解も重要

　究極の理想像として、これからのIT担当者にはフルスタックエンジニアの資質とともに、ビジネスと技術の両方を理解し、それぞれのバランスをとるという役割も求められます。たとえば、次のような思考がナチュラルにできるようになることが望まれます。

> 今、必要な機能を実現する方法は、AとBの2つある。安価に済むのはAのほうだが、将来ビジネスが拡張する可能性があり、その際にはBのほうが拡張しやすい。

> 今のシステムは、オペレータの手作業によっている部分が何ヵ所かあるが、大半は自動化できるので計画的に自動化へ移行しよう。必要な投資額は××××円で、□□□あたり××円のコストダウンが見込めるので、○年で回収できるはず。ただし、△△△△のプロセスだけは、人間の判断の余地を残しておいたほうが安全なので、完全に安全だとわかるまで自動化は進めずにおこう。

　システムは、最終的にはビジネスの役に立たなければ存在意義がありません。その際に、クラウドを存分に使って、経営にも踏み込んだ提案ができる——そんなIT担当者が求められているのです。本書でクラウドの基本的な概念を学んだみなさんが、いずれそのような技術者となり、みなさんの会社と社会の発展に寄与することを願ってやみません。

INDEX 索引

数字
3層構造 40

A
AIX 40
Amazon 168
Amazon EC2 .... 55, 121
Amazon Glacier 189
Amazon RDS 66
Amazon S3 .... 60, 186
AMI 123
AWS 13, 168
AWS Cloud Watch 144
AWS Identity and Access Management 136
AWSマネジメントコンソール 119, 170
AZ 69
Azure 13, 173
Azure Active Directory 136
Azure Backup 189
Azure BLOB Storage 60, 186

B
Billing Alert Service 144

C
CentOS 40
Cloud Storage 60
Compute Engine 55

D
DBMS 54
DBサーバ 65
DBサーバ管理者 65

DBサービス 67
Design for Failure 101
Dropbox 185
DWH 202

G
GCE 177
GCP 13, 177
Google 17
Google BigQuery 178
Google Cloud Platform 177
Google Cloud SQL 66
Google Cloud Storage 60, 186
Google Cloud Storage Nearline 189
Google Compute Engine 177
Google Map API 178
Google Translate API 179

H
HP-UX 40

I
IaaS 34, 39
IAM 136
IPA 20
IT 2
IT担当者 2

J
Japan AWS User Group 158
Japan Azure User Group 159
Japan SoftLayer User Group 159
JAWS-UG 158

JAZUG	159
JSLUG	159

L
Linux	40
LT	157

M
Microsoft Azure	173

N
NAS	184
NIST	20

P
PaaS	34, 37

R
Red Hat	40
REST	57
RPO	191
RTO	191

S
SaaS	34
Salesforce	171
Salesforce World Tour Tokyo	172
SNS	161
SoftLayer	13, 180
SQL Database	66

V
Virtual Machines	55
VPN	75

W
Windows	40

あ
アカウント	118
アジェンダ	157
アプリケーション	4, 42
アベイラビリティゾーン	69
アメリカ国立標準技術研究所	20
暗号化	113
イメージ	123
インスタンス	53, 170
インスタンス監視	75
インターネットVPN	25
インフラ	42
ウォームスタンバイ	194
エリック・シュミット	16
エンタープライズ	177
オーナー	134
オープン系	40
オブジェクト	57
オブジェクトストレージ	29, 57
オンデマンド	10, 22
オンプレミス	46

か
ガートナー	7
課金	144
仮想	9, 26
仮想化	27
仮想化基盤	50
仮想プライベートネットワーク	75
可用性	44
環境構築自動化ツール	76
監視	144
キャパシティプランニング	65
キャリア	63
共同利用	9, 26, 169
業務システム	4
共有責任モデル	104
クラウド	2, 7, 16
クラウドインテグレータ	162

215

クラウドストレージ	57
クラウドデザインパターン	165
クラウドネイティブ	205
クラウドファースト	205
クラウドベンダ	12
クレジットカード	88
決済代行サービス	92
更改	81
公式情報	160
コスト	94
個別交渉	98
コミュニティ	156
コンピュータリソース	18

さ

サーバ	5
サーバイメージ	123
サービス	67
災害演習	141
災害対策	190
差し押さえ	110
サポート	150
シェア	104
自己責任	32
システム	4, 141
自動販売機	20
社内ネットワーク	5
自由なネットワーク	24
障害	146
冗長構成	37
情報漏えい	106
伸縮自在	28
スーパーコンピュータ	200
ストレージ	29
スペック	123
スペック決め	78
責任分担	106
セキュリティポリシー	98
セグメント	132
設計	137
セミナ	162
攻めの運用	152
セルフサービス	10
ソフトウェアライセンス	130

た

待機系	193, 197
第三者認証	99, 108
長期保管	187
調達	80
データウェアハウス	202
データセンタ	9
データベースサーバ	65
データベースサービス	67
デザインパターン	165
撤退	114
独立行政法人情報処理振興機構	20
トラフィック	132

な

日本SoftLayerユーザー会	159
ネットワーク	132
ネットワークアタッチトストレージ	184

は

ハイブリッドクラウド	47
バウチャー購入	93
パソコン	5
バックアップ	82, 141
パトリオット法	110
パネルディスカッション	157
パブリッククラウド	25, 48
パラダイムシフト	2
ビジネス	148
ファイルサーバ	184
ファイルバックアップ	184
プライベートクラウド	50
フルクラウド	129, 205, 206

フルスタックエンジニア	208, 212
プレーヤー	13
ブログ	161
プログラム	10
ベアメタル	181
米国愛国者法	110
ベストエフォート	62
ベストプラクティス	140, 164
ベンダ	2, 13
本番系	193, 197

ま

マネージドサービス	139
明朗会計	32
メトリックス	153

や

ユーザ会	156
ユーザグループ	156
予備系	196

ら

ライトニングトーク	157
リージョン	72, 122
リスク	191
リストア	82
リソースプール	8
ルート権限	39
ロードバランサ	75

■ **著者略歴**

加藤 章（かとう あきら）

工学系大学院を修了後、国家公務員を経て、情報システム業界に転身。システムエンジニア、プロジェクトマネージャ、コンサルタント等をこなしながら執筆活動に取り組む。近年は、クラウドに関心を寄せており、関連著作が3冊ある。自分が新米だったころを忘れないように常に心がけている。

カバーデザイン●菊池 祐（ライラック）
本文デザイン●トップスタジオ デザイン室（轟木 亜紀子）
編集・DTP●トップスタジオ
担当●田中秀春（技術評論社）

■ **お問い合わせについて**

本書の内容に関するご質問は、下記の宛先までFAXまたは書面にてお送りいただくか、弊社Webサイトの質問フォームよりお送りください。お電話によるご質問、および本書に記載されている内容以外のご質問には、一切お答えできません。あらかじめご了承ください。

〒162-0846　東京都新宿区市谷左内町 21-13
株式会社　技術評論社　書籍編集部
「新人IT担当者のための クラウド導入＆運用がわかる本」質問係
FAX：03-3513-6167
技術評論社 Web サイト：http://gihyo.jp/book/

なお、ご質問の際に記載いただいた個人情報は質問の返答以外の目的には使用いたしません。また、質問の返答後は速やかに破棄させていただきます。

新人IT担当者のための
クラウド導入＆運用がわかる本

2016年12月25日　初版　第1刷　発行

著　者	加藤　章	
発行者	片岡　巌	
発行所	株式会社技術評論社	
	東京都新宿区市谷左内町 21-13	
	電話　03-3513-6150　販売促進部	
	03-3513-6160　書籍編集部	
印刷／製本	昭和情報プロセス株式会社	

定価はカバーに表示してあります。

本書の一部または全部を著作権法の定める範囲を超え、無断で複写、複製、転載、あるいはファイルに落とすことを禁じます。

©2016　加藤　章

造本には細心の注意を払っておりますが、万一、落丁（ページの抜け）や乱丁（ページの乱れ）がございましたら、弊社販売促進部へお送りください。送料弊社負担でお取り替えいたします。

ISBN978-4-7741-8536-1 C3055
Printed in Japan